茅天尧 著

浙江工商大學出版社 | 杭州
ZHEJIANG GONGSHANG UNIVERSITY PRESS

图书在版编目(CIP)数据

鼎边偶语 / 茅天尧著. — 杭州 ：浙江工商大学出版社，2019.3
ISBN 978-7-5178-3158-7

Ⅰ. ①鼎… Ⅱ. ①茅… Ⅲ. ①饮食－文化－绍兴 Ⅳ. ①TS971.202.553

中国版本图书馆CIP数据核字(2019)第029784号

鼎边偶语
DINGBIAN OUYU
茅天尧 著

责任编辑 厉　勇
封面设计 祝益军
责任印制 包建辉
出版发行 浙江工商大学出版社
(杭州市教工路198号　邮政编码310012)
(E-mail：zjgsupress@163.com)
(网址：http://www.zjgsupress.com)
电话：0571-88904980，88831806（传真）
排　　版 杭州彩地电脑图文有限公司
印　　刷 浙江全能工艺美术印刷有限公司
开　　本 710mm×1000mm 1/16
印　　张 15.5
字　　数 225千
版 印 次 2019年3月第1版　2019年3月第1次印刷
书　　号 ISBN 978-7-5178-3158-7
定　　价 50.00元

浙江工商大学出版社营销部邮购电话　0571-88904970

谨以此书告白我44年的职业生涯，献给我敬爱的同行和热爱美食的人。

茅天尧

农历戊戌年初冬

茅天尧（右一）和联合国副秘书长艾瓦尼·博纳姆合影

茅天尧（中）与世界知名的食物化学领域和烹饪界权威哈洛德·马基先生、《鱼翅与花椒》一书作者扶霞·邓洛普女士合影

茅天尧（左一）与鲁迅重外孙女田中悠樹（中）在中央电视台科教频道《味道》节目的拍摄现场

茅天尧（左一）与主持人（右一）在央视七套《丰收中国过大年》节目拍摄中互动

在日本卫星放送电视台拍摄“美食、美酒、美景”浙江行电视片中，茅天尧（右一）应邀制作绍兴传统名菜干菜焖肉、荠菜豆腐羹、一品鳜鱼圆等佳肴

茅天尧（左一）在《舌尖上的中国2》节目中烹制菜肴

茅天尧（右二）教英国小伙司徒学做以黄酒为调味主品的“糟鸡、醉蟹、酒浸枣子”等绍兴传统菜肴

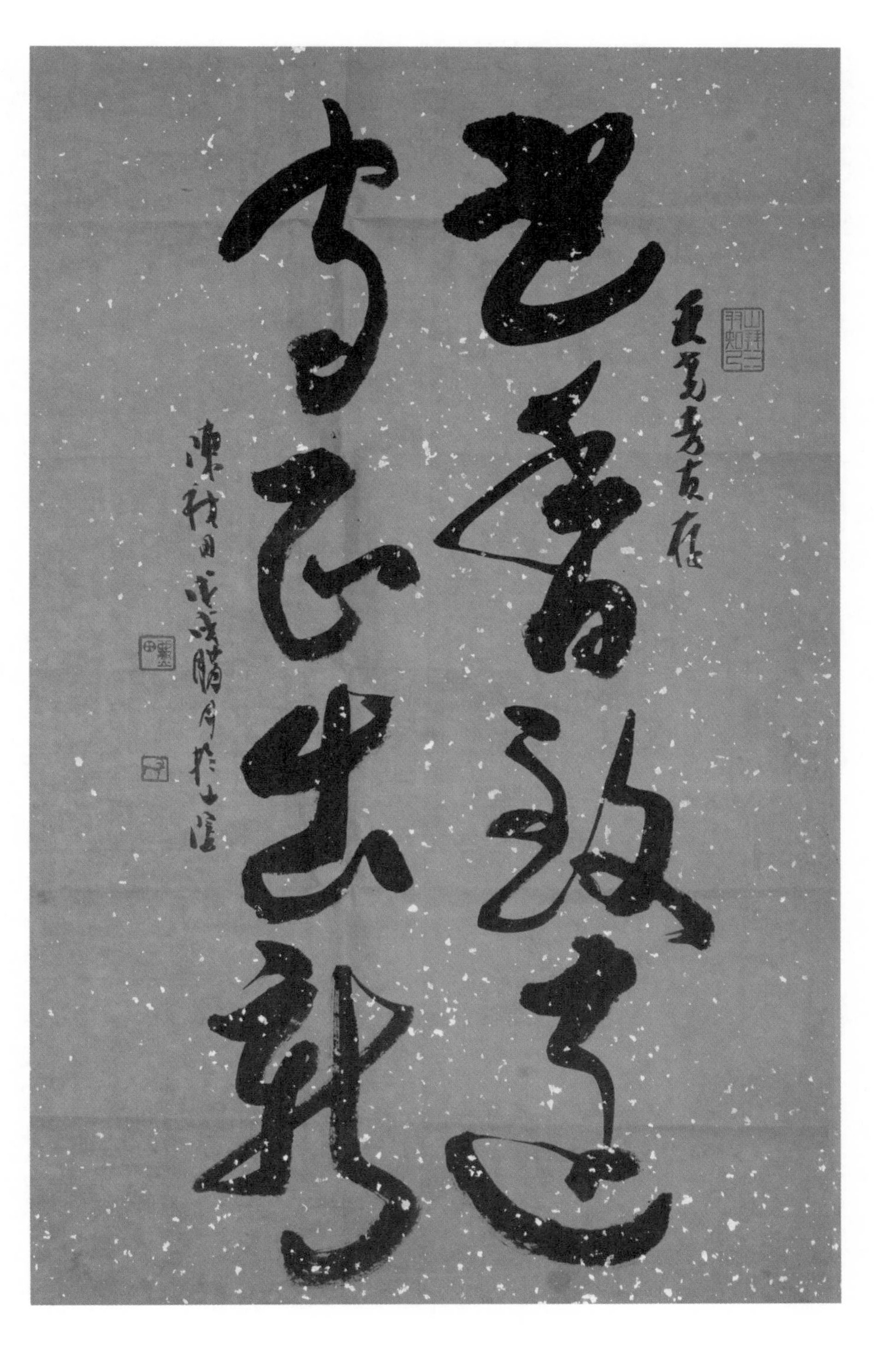

匠心無境

茅天尧從厨四十載之勉

歲在丙申年冬月

天台宗第四十六代傳人净修书於京華

自　序

烹饪亦有诗和远方

中国烹饪文化博大精深，无与伦比。中国菜被誉为世界三大菜系之一，为东方饮食文化的杰出代表。孙中山先生曾在《建国方略》中给予中国烹饪高度赞美："我中国近代文明进化，事事皆落人之后，惟饮食一道之进步，至今尚为文明各国所不及。中国所发明之食物，固大盛于欧美；而中国烹调法之精良，又非欧美所可并驾。""中国不独食品发明之多，烹调方法之美，为各国所不及；而中国人之饮食习尚暗合乎于科学卫生，尤为各国一般人所望尘不及也。"

烹饪是人类文明的源头，用火把食物烧熟使人类摆脱了茹毛饮血，走上了文明的康庄大道。随着岁月的流转，唯有信奉爱和美食不可辜负的人，他们将烹饪的艺术和情怀弥漫在三尺灶台上，更浸润在一日三餐的饮食中，日积月累，天长日久，烹饪被熏陶出了浓浓的文化色彩，成了科学、文化和艺术的结晶，成了人们赖以生存和发展的物质基础，成为众多历史文化中最本质、最厚重、最宝贵、最富生命力的一个，亦成为区域文化独特、浓郁、鲜活的标签，这便是烹饪的魅力和神圣之处。

烹饪既有皇家御厨那样高端的，也有普通老百姓那样平凡、带着烟火气的，人不论贫富贵贱，都离不开一日三餐的滋养，于平凡中孕育伟大。记得钱锺书先生在他的《吃饭》一文中提到，德国古诗人白洛柯斯在他的《赞美诗》里把上帝比喻为"伟大的厨师傅"，意思是至尊至神的上帝，也不过是为我们弄饭吃、做菜肴的人；《尚书·顾命》里把宰相比为“和羹调鼎”；老子更是说“治大国，若烹小鲜”……如此看来，烹饪真是深入浅出，以小见大，包罗万象，蕴含哲理。饮食文化折射着风土人情，承载着满满的乡愁，烹饪成了人类历史发展的万花筒。民以食为天，喜好美食，讲究烹饪，不只是厨师专属的事情，更是人类精神和物质的寄托。烹饪是唯美的，呈现着美的韵味和意境，仅以菜名为例，寿宴中的“龟鹤同春”，婚宴中的“龙凤呈祥”，孔府家宴中的“诗礼银杏”……它们是如此寓意美好，韵味悠长。

烹饪是一首气势磅礴的诗篇，讲究食材的合理搭配，平平仄仄，韵律和谐；烹饪又是一曲动听的乐章，锅碗瓢盆，酸甜苦辣咸，五味调和，演奏出人类共享的味蕾交响乐，余音绕梁。如能创造代代相传的名菜佳肴，如同谱写出不朽的宏篇大作。

烹饪讲究以和为贵，唯有“和”才是世上评判美食最本质的标准，也是司厨者技艺的最高境界。臭豆腐生臭熟香，它是生化作用与热力作用共同呈现出的不同寻常的美味，令人垂涎欲滴；绍兴菜咸鲜合一，是把新鲜的食材与酱腌而成的食材搭配在一起而形成的风味，令人难以忘怀。一个“和”字诠释着美食天地间之精髓，成为烹饪颠扑不破的金科玉律。

烹饪技艺既古老又时尚，富含文化和哲理，独具匠心。人类从生食到熟食，鼎鼐调和，积累了许许多多的烹饪经验和技艺，造福了后世。同时，又有多少烹饪奥妙与原理，需要借助现代科学来解释，产生烹饪的新理论、新工艺、新技艺。烹饪总是令人期待、使人向往的，同时，它又极具挑战，这是烹饪的迷人之处，如歌似诗，追求和创新永无止境。

烹饪需要充满想象，富有创意，需要有浪漫的情怀、扎实的文化修养和深厚的美学功底，让菜品不但能满足人的生理需求，更能让人得到精神享受，真正体现中国烹饪以味为主，以养为目的的核心魅力，兼具味美与形美，富有意境，使人产生联想。只有这样，菜品才会蜕变成作品，甚至成为让人不忍下箸的艺术品。

一粒米中藏世界，半边锅内煮乾坤。通过烹饪，人们不但能烹制出令人愉悦的美味，而且能促进身体健康。从某种意义上说，烹饪关乎着一个民族的盛衰，揭示了一个地方饮食的富足与否，是人民生活美好的一种象征，是社会文明程度的一个标志。这便是烹饪的内核——诗和远方。

茅天尧

农历戊戌年冬日

目　录
Contents

第一辑

乡情漫语

第二辑

三西醉语

第 三 辑

厨者心语

第四辑

食物新语

乡情漫语

乡情是一种融入血液中，让人永远难以割舍的情怀。这乡情连着胃，以美食为载体，将民风食俗、乡土特色、四季时鲜、灶台里长娓娓道来，如歌似画，荡漾起一泓情思。

百味绍兴

欸乃一声，一叶乌篷悠悠滑过，鉴湖顿时碧波潋滟、风情万种。晚霞西山，炊烟袅袅；百家灶台，风味萦绕。绍兴味道，就这样扑鼻而来。

千年古越，百味绍兴。用一个“味”字，便可书写古越千年的文明史，大禹“三过家门而不入”之勤政，勾践卧薪尝胆之发愤，王阳明“知行合一”之求真，马臻“太守功从禹后无”之悲壮，王羲之《兰亭集序》之墨香，陆游饮食诗篇之怡然，鲁迅笔下之乡愁……无不体现了千年古越食之文明、味之百态。

绍兴是浙菜的发祥地，江南美食的原生地。绍兴菜曾是浙菜的主体，以烹制河鲜家禽见长，极具浓郁的江南水乡风味。它将民间性、文化性、养生性、技艺性和时尚性融为一体，是绍兴最根本、最厚重，也是最珍贵的众多历史文化遗产中的一部分。它集人文情感、历史文化、风情民俗、先贤恩泽、独特技艺等诸多元素于一体，令人心动和迷恋，造就了岁月的经典。

绍兴味道，咸为上。以咸成鲜，以咸促糟，以咸益霉，以咸贮物，以咸为贵……一个“咸”字，几乎囊括了越地饮食风情的全部，咸之有道，致使绍兴有了“耐人寻味”的酱腌食品，加以创新，进而

绍兴城

有了极具特色且不失经典传统的咸鲜合一的糟醉技法，诸如鱼干、酱鸭、腌菜、干菜、卤黄瓜、鲞等名特土产，无不演变成绍兴菜的特色名肴。“霉”之滋味几乎为绍兴菜所特有，它凝聚着绍兴人的智慧，使发酵技术在烹饪中得以极致运用，尽善尽美地呈现。于是，绍兴菜有了“霉鲜”风味，其中臭豆腐让世人欲罢不能的异香，传扬着古越烹饪的精致肌理，成为“最不寻常的美味”；乌干菜，集美味与养生于一体，承载千年岁月的沧桑；咸鲜合一之风，透射着越地百姓的精明与智慧，演绎着寻常巷陌的风俗百态。

绍兴之味源于民间，发展于民间，成就于民间，其历史沉淀如千年陈酿，载满乡愁，经典而迷人。酱、腌、霉、腊、糁、醉、焐、炒、扣、卤、冻等无不体现着绍兴人节俭朴实、不尚浮华的民风民情。其中，“十碗头”寓意十全十美，吉庆祥和，团圆美满；扎肉以块代斤，反映着包容与理解的民间智慧“多乎者不多也”；鲁迅笔下的茴香豆，承载着历史的风尘，成为不朽的文化之豆，拥有让人割舍不断的情怀；祈福吉祥如意、团圆和睦，融入亲情的“绍什景”，让人滋长乡愁；色泽枣红、香酥绵糯、咸鲜甘美、油而不腻的“干菜焖肉”，相传由明代才子徐文长所初创，它集民间智慧，授权文长先生代言，耐人寻味，已成为绍兴菜的经典；“钓得紫鳜鱼，旋洗白莲藕”，被陆游所赞美的鉴湖所产的 “清蒸鳜鱼”，色泽淡雅悦目，味似蟹肉，成为绍兴菜河鲜风味代表之作，被冠以“别样风味胜一筹”；八宝菜，民间“祝福”时的必备菜肴，寓意财运亨通；鲞冻肉，取其有“想头”之意；醉鸡，意为家和万事兴；藏瓜，寓意美好的姻缘，等等，这些都是绍兴菜文化取之不尽的源泉，经过不断传承创新，给绍兴菜带来无限遐想和生命力。民间菜是绍兴菜蓬勃发展的坚实基础和源头，更是滋养绍兴菜的一方沃土。

绍兴菜之味亦释放着开放包容的兼融之味，魏晋、南宋时期等南北风俗的交融，北方名流望族和劳动人民大批南移，中原厨师随宋室南渡，促使南北烹饪技艺和文化交流融合。越菜以京畿为范，挟本地名物特产丰盛的优势，引入中原烹饪技艺的精华，“南料北烹”“南料北味”，融合创新。

“咸鲜合一风味、干菜风味、霉鲜风味、酱腌风味、河鲜风味、鱼茸风味、田园风味、糟醉风味和单鲍风味”，这九大风味已浓缩为绍兴菜的九大特色，平中见奇、韵味悠长、菜品丰富、风味浓郁，别具一格，令人神往。其不但奠定了绍兴的城市美食品位，而且成为浙江饮食文化的象征和地方风味的杰出代表。

味道，浓缩的是历史、文化和地域，也是一座城市价值元素的荟萃，它深深地印烙在人们的心灵之中，平凡而深邃，触动着我们内心深处的记忆与满满的乡愁。民以食为天，绍兴菜不仅是绍兴人赖以生存的根本，也是绍兴文明不可或缺的源头和基础，更是绍兴的特色代表与未来之路。百味绍兴，越菜传香。

十碗头的味道

绍兴就是这么一个历史积淀深厚、文化气息浓郁、名人与名人紧挨着的地方，每一步下去几乎都能踩中一处历史。

揭开夜的疲倦，在黎明粉色的光线里，在杏花烟雨里，足音轻轻地叩响青石铺就的小巷，从粉墙黛瓦，从斑驳木门，从雕花窗棱里，传来一声越语，飘出一缕熟稔的儿时味道，仿佛剪不断的乡愁在记忆里晕染开来。

“菱角，罗汉豆，茭白，香瓜”“都是极其鲜美可口的，都曾是使我思乡的蛊惑……”乡贤鲁迅亦因这些瓜果菜蔬而挑起一畴浓浓的乡愁，每每在文中提及。绍兴人盘踞心头的美味，莫过于十碗头了。

十碗头是民间喜庆、逢年过节宴席的一种形式，因其菜肴数量为十，并用碗盛菜，故名“十碗头”，同时采用八仙桌，八人一桌。“十碗头”寓意是“十全十美”，完完全全的祥兆。无论身居何处，或者脚步多远，十碗头总是顽强地萦绕在游子身边，如同妈妈的味道，传承心中的念想。

百姓百宴，十碗头根据宴客的目的，有不同的内容，并伴随着不同的规格和类别，需结合时令节气，安排时令菜肴，可谓“百家百宴”。一般有团圆宴、寿宴、生日宴、喜宴、迎宾宴、白事宴等。民

十碗头

间喜宴的十碗头，应是最为隆重，场面尤为热闹。

做菜操办的厨师前一日晚上，挑着满箩筐的餐具，带着厨具就要开始工作了，叫落厨。厨师的到来使喜庆的场面更加热闹，厨刀声、砧板声、勺声、锅声，声声动听，“外镬悠来里镬猛来”，司厨者俨然一个指挥千军万马的“大将军”，忙而有序，成竹在胸。

帮忙的邻里，有的杀鸡、剖鱼、洗菜，有的洗餐具、置桌凳，配合得有条有理，喜气洋洋，从容不迫。准备工作有条不紊。待到第二天，赴宴者络绎而来，场面就热闹又忙碌起来，赴宴者不论老少都面带笑容，穿着干净衣裳，说的全是吉利话，见到主人恭喜恭喜，声声不断。在互相招呼、谦让声中款款落座，在谈笑间“十碗头”也就陆续上席。

“十碗头”中主菜为“绍什景”，其配料甚是讲究，八大颗鱼圆、八大颗肉圆，配以蛋糕片、熟猪肚片、熟笋片、黑木耳、肉皮、海参、猪心、葱段等，数量以八为计，盛入大海碗，配料多样，色彩鲜

艳，丰盛实惠，寓意吉祥。第二碗是“肉丝小炒”，黄韭、笋丝和肉丝加绍酒、酱油煸炒而成，盛起时别忘加匙羹米醋，爽口鲜香。第三碗“醋熘鱼”，选用价廉物美的胖头鱼，配以萝卜醋熘，成菜时撒上葱花、胡椒粉，香鲜酸甜。接着上来的是“三扣”，即扣鸡、扣鹅、扣肉，这“三扣”是“十碗头”中的重要荤腥，也代表绍兴烹饪扣蒸之特色。第七碗是“炒时件”。这是绍兴人节俭之处，办“十碗头”有不少生肚（鸡、鸭、鹅的俗称）要剖，其内脏，绍兴民间叫“时件”，配以韭芽、芋艿同炒，也是一道好菜。第八碗 “炒金钩”，第九碗“红烧皮肚”，最后一碗“培红菜小鱼圆汤”。“十碗头”的菜肴都是绍兴人爱吃的，其质量的优劣可随经济量力而行。如“肉丝小炒”，优者为肉丝、韭芽、笋丝，一般可采取戴帽的形式，所谓“戴帽”，就是用萝卜丝或芋艿丝垫底，上面盖上“肉丝小炒”。

淳朴的绍兴人，乡间民风热情好客，在乡下办“十碗头”，其场面之大，桌数之多，令人赞叹！一般在三十桌上下，通常是一家办宴，家家赴宴，带老携幼，邻里和睦，其乐融融，真是“一家有喜百家乐”。儿时在乡下外婆家看到的情境，还那么顽强地留在我的记忆深处，至今历历在目。

一个文化底蕴浓厚的城市，无论发展得如何璀璨夺目，永远不变的是千百年传承而来的温良谦逊的底色。

源于民间的干菜焖肉，相传由明代徐文长首创。徐文长诗、文、书、画无一不精，但晚年穷困潦倒。一日，山阴城内大乘弄弄口有一肉店新开张，请徐文长写招牌，事后店主就以一方五花猪肉相酬。数月不知肉味的徐文长十分高兴，急忙回家，可惜身无分文，无法买盐购酱。想起家中尚存一些干菜，便用干菜同五花猪肉蒸煮，不料其味更佳。从此，干菜焖肉便在民间广为流传。这个传统的绍兴味道便成为永恒的经典，也成为绍兴“新十碗头”一道不可或缺的菜肴。

我们在人世熙来攘往、暮色渐起的街角，抑或在时间飘摇、案牍劳形的深夜，都在等待一种归宁，一种从容的栖息。朋友来绍兴都有这种感受，这个温婉的水乡，仿佛远离尘世的喧嚣，却并不形单影只、孤芳自赏，在越语袅袅里，笑语嫣然……

宋代名园的残垣断壁上爱国诗人陆游的《钗头凤·红酥手》，令人黯然神伤。爱情的美好，怎奈何“东风恶，欢情薄”；百草园里那株高大的皂角树依旧葱郁，蟋蟀仍然在清风里嘈杂，一块块的菜垄也还在，它是鲁迅文学研究者们无邪的天堂。三味书屋的课桌摆放整齐，“早”字已升华为莘莘学子励志的座右铭。轩亭口，年轻的秋瑾英姿飒爽……美丽的鉴湖，水光潋滟，掬起一捧湖水，阳光亮得像水晶。太厚重了！先贤们在每一寸土地、青石上都留有一段历史和一缕特有的绍兴味道。大禹“三过家门而不入”之勤政，勾践卧薪尝胆之发愤，王阳明“知行合一”之求真，马臻“太守功从禹后无”之悲壮，王羲之《兰亭集序》之墨香，陆游爱国诗篇之浩然，鲁迅战斗檄文之凛然，古越千年文化如一首首史诗在历史的长河里涤荡。

漫步在绍兴街头，惠风和畅，街市如画，乡土特色别具风情，诱惑着行人“闻香停车，知味下马”。当然，最具特色、最有风味的“十碗头”还是在鲁迅笔下的绍兴市咸亨酒店，“青出于蓝而胜于蓝”。“十碗头”不仅仍保持着那份岁月沉淀的乡土味，而且充满着时代的气息。咸亨酒店门口的孔乙己依然一袭长衫，仿佛在诉说着“十碗头”的前世今生。

印糕板

印糕板是用来制作糕点的一种模具，形态各异的糕点通过印糕板的“规范”立马变得“有形有角”，十分美观。由于职业的缘故，在我的手头上也保存了几块旧时的印糕板，每当见到它，总会唤起些许记忆。

在民间，印糕板于四时八节中用处是最大的，人们会纷纷制作各色的时令糕点，用以尝新。此时，有的把家中珍藏着的印糕板拿了出来，有的邻居互相借用，和粉、揉面、制团，包馅、印糕，忙得不亦乐乎，印糕板“大显身手”。印糕板的使用也需要些技巧的，需先涂上食用油或抹上粉，才能使糕点从印糕板中顺利地“脱颖而出”，而生手往往因不懂窍门，难以运用自如，常常“望板兴叹”。同时，印的时候也是孩子们的开心辰光，可口的糕点让孩子们欣喜雀跃。

绍兴的糕点花样众多，体现在四时八节的应时糕点更是花样繁多。大地回春，有预祝一年五谷丰登的“春分糕”；清明时分，有踏春祭祖，不可缺少的“艾糕（饺）”；到立夏便有“清明见节，立夏好吃”，以罗汉豆为主料、色似翡翠状的“豆板糕”；岁岁重阳，今又重阳，有香甜软糯可口的“重阳糕”；到了立冬，有寓意祈求一年平安的“红枣糯米糕”。这些应时之糕都是美味可口又形态生动，非常漂亮。当然其漂亮的“靓影”靠的是印糕板的“梳妆打扮”，印糕板之功显而易见，不可小视。

冬至过后，便到了春年糕的时节，这是四季时鲜糕点中最重量级的，以示“年年高兴”。春年糕充满年味，喜气洋洋，需选取粳米制作，用水将米淘净、浸胀，再带水磨成浆，盛入布袋榨成块，搓散成糕花，入笼蒸熟，在石臼中用木杵舂韧，然后搓成圆长条状，压成扁条。此时印糕板就大显身手，趁着年糕热气腾腾，印上各种美丽的纹样，取意吉祥如意。

印糕板不知从何时开始，由民间走进餐饮业，后又进入食品工业进行糕点生产，发挥了更大的作用和效益。当然，印糕板的款式纹样也发生了很大的变化，更加多姿多彩，不断满足人们的审美需求。凭借印糕板的优势，厨师制作出层出不穷的花样糕点，给人们带来多彩的口福和美的享受。西点的制作中，模具应用是相当普遍的，西点的成型几乎离不开模具的辅佐，不知其模具是否受到印糕板的启示，由马可·波罗传入西洋，这只是我“天方夜谭”式的臆想，表达对中点悠久的历史和精湛技艺的偏爱，其具体情况如何不得而知。

印糕板是糕点制作的一种工具，亦是糕点制作生产必然的产物，用于成型有规有矩，给糕点制作带来许多便捷，省去不少周折，使制作的糕点呈现整齐划一的统一之美。这降低了糕点成型的难度，“心想事成”，极大地提高了工作效率，把繁

印糕板

印糕板

杂的事情简单化，凸显印糕板制作者的匠心。这是印糕板的功用，是发明者对烹饪的重大贡献，使人们得到美的享受，我们应当铭记在心并传承发展。当然，事物总是一分为二的，印糕板虽好，给我们制作糕点带来了极大的便利；但就糕点的成品而言，过于千篇一律，少了些灵气和制作者的技艺个性，成品过于规范。

因此，我们的师傅，特别是到了一定层次、有了水平的，千万不可放弃对糕点造型艺术的追求，而应去创造更多的糕点艺术形象，使其千姿百态，灵动雅致。同时，把这些优秀的造型提供给制作印糕板的师傅，使其再创更为精湛、传神的印糕板，让更多的人能享受到糕点之美味，感受糕点艺术之魅力。

小小印糕板隐喻着万事万物既有规律可循，又需按规矩行动。印糕板就是一个“规矩”，有了它，点心师做出来的糕点就成了“方圆”。小小印糕板承载着大大的饮食文化史，呈现着智慧之美、匠心之美、艺术之美，成为我们研究饮食文明、解读历史的有效载体。

鲞冻肉

鲞冻肉，色泽红亮、肉冻晶莹、肉质酥糯、鲜香入味，是绍兴十分地道、在民间极上档次的家常菜，备受食者喜爱。它是逢年过节不可缺少的待客之肴，相传成俗。

制作鲞冻肉，民间叫打鲞冻，每当农历十二月二十五以后，便是打鲞冻的旺季，鲞冻肉的香气从左邻右舍中飘然而出，年味也就渐渐浓了起来。烧好的鲞冻肉盛在钵头或大的品锅中，热气腾腾，甚是馋人。冷却后自然结冻，成了名副其实的鲞“冻”肉。

鲞冻肉大多用来招待正月里来家做客的客人，自家人只有在年三十年夜饭的团聚中才能吃到。从正月初二起至十五，结束了走亲访友，鲞冻肉才完成了它的“使命”。剩余的鲞冻肉方可轮到家人享用，而此时的鲞冻肉已没有了原来的“精神”。旧时的老百姓没有冰箱，虽在寒冷的冬天，但时日一长难免会变味或变质。只有靠不断地回烧，保持它的“正常”，几经回烧，鲞和肉都无力承受火力之苦，渐渐地便失去了其原有的风采和风味，肉糊鲞碎，靓影渐失。

鲞冻肉是美味的，以白鲞、猪五花肋肉为主料，加入绍酒、酱油、桂皮等烧煮而成。这白鲞是极其有来历的。相传，在吴越争雄时期，吴王伐越，曾从越地带回大批的黄鱼干，赏给群臣，食之口味鲜

鲞冻肉

美，因无人认识，皆称“美鱼”，“鲞”字即由“美鱼”两字演化而来。如此美食与猪肉为伍，一咸一鲜两物为伍，咸鲜合一，加之火候运用到位的烹调，烧好的鲞冻肉自然美不可言。但要烧好鲞冻肉并非易事，其制作颇有技巧。

其一是选料需仔细，操作要得当。选取优质的黄鱼鲞，民间称为“白鲞”，谨防其味过咸或其质发霉，切忌白鲞有哈喇味；肉则需薄皮五花的猪肋肉，五花层次匀称，肥瘦适宜。操作时，将肉切成块，经焯水后烧煮，烧至肉熟，滗去浮油，加入酱油，继续烧煮，但此时无须加盖，以期卤汁清澈，冻色清爽，使成菜红亮晶莹。若仍加盖烧煮，则会增强咸味的渗透，加快汤汁的雾化，使卤汁混浊，这是打鲞冻的一大秘诀。

其二是烧煮时应一次性加足水，中途不能加水，这样做好的鲞冻肉才能汁醇味厚，有回味、香气足。还有在烧煮中火候的掌握十分关键，大火烧开小火烧煮，徐缓不急，使肉、鲞和调味品诸味充分相融，肉和鲞酥而不失其形，“有棱有角”，慢工出细活。

在烧煮中还有一味叫甘草的调味品，其作用也应说一说。甘草是一味价廉物美的中草药，具有补脾益气，清热解毒，祛痰止咳，缓急止痛，调和诸药的功效。南朝医学家陶弘景将甘草尊为“国老”，并言“此草最为众药之王，经方少有不用者”。甘草是名副其实的“甜草”。据测定，甘草中甘草酸的含量多在百分之十左右，还有甘露醇、葡萄糖等多种成分。甘草酸的甜度高于蔗糖五十倍，在烧煮过程中可去猪肉的臊气和油腻，调和滋味，起着中和、压异、增甘鲜的作用。

吃鲞冻肉民间有着讨彩头的意思，因“鲞”与“想”谐音，寓意有想头、有希望、有奔头之意。因此，在绍兴人的年夜饭上必有此菜，深入人心，代代相传。民间除了鲞冻肉之外，还有鲞烧肉、鸡鲞冻、羊鲞冻等肴，它们同出一辙，有着异曲同工之妙。

打鲞冻，鲞头的用处可大了，不但需把鲞头一起烧入，还必在除夕分岁的鲞冻肉碗面放一个完整的鲞头。此习，源于一个以和为贵的有趣故事。相传，从前绍兴农村的一农户家婆婆刻薄，媳妇却甚为贤德。除夕时，婆婆故意把鲞头烧入鲞冻肉中让媳妇食用。小叔子批评其母不该如此对待嫂嫂，媳妇听后却笑对小叔子道：“叔叔错怪了婆婆好意，婆婆这是为让嫂嫂讨个吉利，今年有鲞头，明年便有‘享头’了。”媳妇这番话，打破了僵局，婆婆深受感动。从此一家和睦，日子越过越好。而吃鲞头的习俗也由此而流传至今。

鲞冻肉传承至今，除了其美味外，更在于其人文情怀。“大街嬉嬉，鲞冻肉撬撬”寓意旧时过年生活的美好享受。肴馔迭代，潮起潮落，因其原料之故，地道的鲞冻肉现今已是难得一品。尽管如此，大厨们经筛选，用其他的鲞做替代，虽其品质有所打折，但鲞冻肉仍飘散着缕缕香气，馋人口水，滋养着胃，随着岁月，历久弥香。

安昌腊肠

腊月的安昌，是古镇最迷人的时刻。沿着老街漫步，一边是临河的风景，一边是店家琳琅满目的腊肠，还不时地传来叫卖腊肠的吆喝声。街河依旧，腊肠、腊鱼和酱鸭常新，平时用来晾晒衣服的廊檐下、廊柱间，挂满了一串串红得发亮的腊肠，一条条风干的鳊鱼，一只只酱鸭，暗香飘浮、撩人肠胃，美食当前，难以辜负。

何谓腊肠？即在农历十二月制作的一种肉制食品。腊有干肉之意，表明腊肠需日晒风吹至干燥；古代在农历十二月合祭众神叫腊，因此农历十二月叫腊月，季节气候，寒冬腊月，“腊”具有节气和制作特点的含义。安昌的腊肠由岁月的沉淀蜕变而成，得益于“腐皮包子”的启发。清朝时，安昌镇上仕宦、商贾聚集，酒席上的下酒菜颇为讲究：初时仅以豆腐皮包上肉糜蒸食，后改用以猪肠灌之，并辅以调料，经年复一年的制作改进，成为寒冬季节宴席上不可缺少的下酒物。民国时期，镇上的三元楼、明华楼菜馆、萃茂昌、同茂泉等酒肆自晒腊肠，以招徕顾客。

腊肠制作非常讲究，有严格的选料和工艺要求，经选料、切丁、灌肠、结扎、晒干等多道工序。具体为选用优质的猪小肠和上等的猪后腿瘦肉（也可选用猪前夹心肉），将其切成小块，放在容器里，辅以酱油、老酒、味精、适量的白糖等六七种调料，拌匀拌透。拌好后，灌入肠衣内，一面用针在肠上戳眼放出里面的空气，一面用手挤抹，并分段结扎，即行晾晒，一般约晒5个晴天后，置于阴凉通风处即可。

腊肠

腊肠的食用不拘一格，可任随心意，但万变不离其宗，用蒸的烹调之法成肴是最适宜的，也最能体现腊肠的本味和特点。蒸后切片，色泽红白相间而油润，油而不腻，香味馥郁而浓醇，略带甜味，胜似火腿，民间常以此待客，这是最原生态的吃法。搭配上其他的原料与之同蒸，也是很具特色的，“腊肠蒸春笋”是将初春的时令之笋与其同蒸，咸鲜合一，鲜香入味，是春节时候宴请客人的一款应季好菜。也可配以蒸豆腐、蒸腐皮、蒸菜蕻、蒸芋艿等，悉听尊便，任凭所想，这些菜肴对人们而言都是不错的口福。

腊月的安昌是腊肠的世界，家家户户腊肠飘香，用来招待正月里的客人，也是岁末年夜饭的必备之菜，寓意着长久团圆，成为安昌镇的传统习俗，在绍兴颇为著名。

如今，星罗棋布的腊肠制作坊生产出优质的腊肠，源源不断地上市。商铺酒店成了腊肠的专卖店，礼盒包装任君选购，成为馈赠亲朋好友的特色礼品。这些为腊月的安昌镇平添了浓郁的风情，伴随着岁月更加香醇。

腊肠作为地方特色，深受人们喜爱，市场需求量大，极有发展前景。但腊肠生产现状是“各自为政”，难以形成规模效应，缺乏战略高度。以笔者愚见，何不组织起来，集聚优势，形成合力，从资金投入、技艺创新、规范化生产到市场营销来一个统一的筹划，深耕勤挖，做好文章，并好好解读“腊肠＋文化”，让其走得更远，香飘千家万户。

清明食忆

清明时节，春阳照临，春雨飞洒，是悲凉温暖、笑泪同行的日子，既有上坟扫墓祭祖的追忆思念之伤痛，祭扫新坟生离死别的辛酸泪，也有家人相聚拉家常品美食的欢声笑语。世代相传的清明，是亲情与血缘情感的清明，也是享用春之美食的时节。

草长莺飞，春风浩荡。春之食材应时而生，为清明美食的富有奠定了基础，使人们享有满满的口福。草籽、马兰头、荠菜、艾草、蕨菜等野菜接踵而至，春笋、血芽韭菜、小白菜、清壳螺蛳、白鹅、鳜鱼等纷至沓来，应接不暇，任凭你我操刀，呈现一番清明美食的新天地。

越鹅

白斩鹅　白斩鹅以越鹅为原料经白煮而成，用母子酱油、米

醋调成的味碟蘸吃，清香鲜嫩，滋味悠长。是清明时节的应时佳品，俗称“上坟鹅”。

越鹅为绍兴的一大名品，与绍兴百姓有着不解之缘，它不仅美味，而且有着寄托情感的作用。“鹅”“我”谐音，使列祖列宗、已故的亲人见鹅如见我，白斩鹅由此成了清明祭祖时万不可缺的供品，约定俗成。

蒜泥草籽　“草籽”曾作为绍兴百姓春荒的救命粮。说起草籽“老绍兴们”会记忆犹新，充满感情。草籽是绍兴人对“苜蓿”的俗称。在晚稻即将抽穗时播下种子，经大地的哺育，待到春归大地，便冲寒冒雪，展姿露翠，郁郁葱葱，一片翠绿，带给人们盎然春意。

绍兴民间对草籽的做法十分地道，一般将鲜嫩的草籽洗净直接在沸水中一汆，浇以酱油、麻油一拌，名曰“火昌草籽”。草籽炒肉丝、时鲜糕、草籽糊、草籽年糕等都是清明时节地道的菜点。“苜蓿堆盘莫笑贫，家园瓜瓠渐轮囷。但令烂熟如蒸鸭，不著盐醯也自珍。”这是南宋诗人陆游对草籽的赞美。

草籽鲜食有余还可将其晒成干，待日后慢慢享用。其极具清香甘鲜，自成风味。草籽的旺季在清明之前，一般过了清明便不再食用，因草籽日趋渐老。

艾饺　艾饺又叫青团，由艾而名，逢春发芽生长，路边、田间、山坡的艾草一片茂盛青绿，艾饺便成了应时之点心。民谣云：“糯米艾叶细细磨，什锦馅儿粉面搓。浑似汤圆不用煮，清明共吃艾馍馍。”

艾草具有散寒祛湿、消炎、增加食欲、促进健康的保健功能。清明前后阴雨湿冷，寒温交替，食用艾饺在一定程度上可以起到醒脾理气、驱寒祛湿、升阳温通的作用，因而民间有“清明吃艾饺，勿怕阵雨浇”之说，并笃信不疑。

香干拌马兰头　“不知马兰入晨俎，何似燕麦摇春风。”马兰头为早春之野蔬，香干拌马兰头不但味美，在民间还有一个传说。相传，南宋康王赵构为避金兵追杀，曾逃至绍兴，一日因饥饿，晕倒在一农户门前，农家以粥汤和马兰头为康王充饥，康王饥不择食，竟感其味远胜山珍海味。回朝后，仍念念不忘，多次命绍兴府进献马兰头。

香干拌马兰头

马兰头，大地母亲的恩赐，四季转换，春风吹生，香干拌马兰头成为初春时不二的美食，被誉为绍兴的家乡菜。

盐水芽豆　芽豆是春日的一款家常菜，由干罗汉豆在水中浸泡湿润充分后，自然长出豆芽而成，也是清明时节的应时食品。盐水芽豆在清明上坟酒菜中是必备的，有道是“清明芽豆呱呱叫”，“芽”则“苗”也，祈求生活美好节节高，用芽豆祭祖既诚表孝心，又蕴含寓意。

盐水芽豆

酱爆螺蛳　“清明螺赛肥鹅”，螺蛳在清明之际肉质丰腴，最为肥美鲜嫩，炒得到位的酱爆螺蛳，吮起来还有一股鲜美的卤汁顺喉流下，越吃越有味，吃得使人上瘾，难怪绍兴民间有“笃螺蛳咕酒，强盗来了勿肯走”这样的民间俚语！

螺蛳虽是贫贱之物，但极具乡土风味和情缘。吃螺蛳是非常有情

螺蛳豆腐羹

趣的，绍兴人吃螺蛳叫吮螺蛳，吃的人津津有味，一副投入之相，“嘬、嘬、嘬”的吮螺声，就像春天小鸟的鸣叫，悦耳动听，引得不想吃的旁人也会禁不住地尝上几颗。那吮螺的韵味，是那么悠长而难忘，可谓音色、美味俱全。

腌菜煮笋　腌菜是绍兴人的至爱，更是人们冬季佐餐的基本保障，颇有《诗经》所云“我有旨蓄，亦以御冬”的古义，并因其鲜美入味而被誉为“大尾巴白鲞”。

腌菜煮笋是用去年的腌菜与逢春勃发的时笋配伍烧煮而成，去年的腌菜经过暖洋洋的春风的吹拂，蜕变成具有酥鲜异香的另一番风味，与春笋爽脆鲜嫩的滋味互融，别有风味胜一筹。

五香活蛋　五香活蛋是由鸡、鸭、鹅蛋经哺化半月余，用水微煮，去水，将蛋壳略敲，加老酒、酱油、桂皮同煮而成，滋味鲜美，蛋中的汁水更是鲜美无比，最宜下酒。民间以此为习，并视为滋补佳品。《越乡中馈录》载有“越人视为佳品，……近年以哺过十八九日，不问退不退而煮食者，谓之活蛋，价较昂”。

单鲍黄鱼　春之时鲜，盛产于清明前后。“黄鱼水鲞，半斤八两”这是绍兴广为流传的民间俚语。水鲞即为经盐、花椒短时间腌渍后的黄鱼，俗称“单鲍”。其法是将黄鱼腌渍后去掉部分水分，紧密其肌体，成品肉质滑嫩滋润，清香鲜美入味，具有开胃增食欲之功，民间极为擅长。

荠菜鸭血豆腐羹　烟花三月，万物生长，采荠菜成了春日的一大风景，荠菜满坡，翠绿一片，绍兴人吃荠菜的历史悠长，《诗经》云“甘之如荠”。荠菜、鸭血、豆腐虽为家常炊物，但绍兴人却将其调和得有滋有味，人人爱吃。荠菜鸭血豆腐羹，清香鲜美，滑嫩润口的滋味，常令人吃后讨添，此菜尤以清明前后食用为佳。

应时佳肴是组成清明宴席的美食，美食寄情便成为清明节的重要内容。墓地上的坟酒，家里的祭祖宴，尤以祭祖宴为丰盛和隆重，是祭祖的重头戏，它集春之美食大成，食材多样富有，菜品花样迭出，成为清明应时美食标志性的反映。

当然，根据家庭经济条件，宴席中的菜肴档次可有所不同，但菜肴应是丰盛的。有了丰盛的佳肴，就少不了美酒的辅佐，酒在祭祖宴中是万万不能缺的。三年陈的加饭酒是家庭聚餐最好不过的选择，因其价廉物美。这酒不但是一种美食的标签，更在祭祖宴中担任着重要角色，渲染气氛，激扬情绪，使祭祖宴得以完美地呈现。酒与久谐音，更是传递着长长久久、代代传承的心境与愿景，敬天尊祖，以酒抒情，以酒铭志。氤氲醇厚的酒香，热气腾腾的菜香，让祖先亲人们品味着清明特有的美酒佳肴，感受后辈们的孝心、感恩与思念，这美食包容了许许多多无法以语言细说的情感。

祭完祖，家人们围坐在一起尽心享用家宴，不论酒量如何，会喝可放量畅饮，推杯换盏，不醉无归，怕是不会喝的也会抿上一口，这是享受祖宗的恩泽，酒，福水也！丰盛的佳肴，使人难以把控，让食

清明时节的油菜花

者直怨自己肚子太小，只能望食兴叹。祭祖宴不仅是清明应时美食享用，更是延续祖先创立的优秀家风的一种载体，众人和和睦睦，让人备感家的温馨。

清明食忆，充满大自然的恩泽，鲜活、清鲜、纯朴无华，忆的是美食，体现的是民间对美食的创造力，更是美食留给人们味蕾的记忆。对逝去岁月的追忆，对亲情的怀念，由此而滋润出我们浓浓的乡愁。清明食忆，忆的是讲究孝道民族精神的传承。

吉祥如意

春节长假后的第一个工作日，清早起来就闻得爆竹声声。到了上午八点，爆竹声更是此起彼伏，震耳欲聋，整个城市犹如一片爆竹的海洋。放爆竹的人，脸上挂着虔诚与企盼，围看的人则凑了热闹，喜气洋洋。

爆竹声声，“开门大吉”，为的是在新年伊始讨一个好彩头，期盼在新的一年里生意兴隆，财源滚滚。在中国人的传统观念中，有了好的“彩头”，诸事才能吉祥圆满。中国的饮食文化也随处体现着人们“讨彩头”、图吉利的传统与心理，给菜肴起个好听讨彩的名字便是一个很好的例证。

2008年11月4日，台湾海基会为大陆客人的接风宴上，每一道菜的菜名均和祝福两岸关系有关，表达了期盼两岸关系有更好的良性发展的美好愿望。接风宴的菜单是：四海一家齐欢庆（乳猪鸭肝冻、乌鱼子、卤九孔及海蜇），海阔天空展新局（菜胆花胶炖鸡汤），福临大地报佳音（酱皇灵芝菇鲜鲍），龙跃青云呈吉祥（青葱上汤龙皇虾），协和齐力转乾坤（野菇红酒嫩牛柳），一团和气万事兴（红糯米饭），花开果硕喜民生（焗乌龙奶酪、椰汁桂花冻及时鲜水果），寓意深刻，用心良苦，备受世人注目，这是中国菜的文化魅力，情景

交融，耐人寻味。

在中国菜肴的各大菜系中也都能找到讨彩头的佳肴，在粤菜中则更为多见。北菇和鲍片再配以青菜，浇上浓香的鲍汁，就成了“鲍有盈余”；地力虾仁，因为虾仁又被称为“龙”，地力又叫马蹄，因而取名为“龙马精神”；蚝豉瑶柱，蚝豉取谐音为“好事”，瑶柱由元贝而来，元贝取谐音“源”，两种珍贵食材加起来，不但香味浓郁，还寓意“好事源源”；蟹子炒鲜奶，蟹子鲜美，雪蛤养颜，榄仁有益，三者相配，口感和营养都兼顾到了，加上蛋清、番茄的衬托，称为“瑞雪红梅”等。

在绍兴也是这样，最为典型的是年三十的团圆饭上必有吉祥之菜，“鲞冻肉”是肉、鲞同煮，成菜上面必盖有白鲞头一个，鲞头虽不好吃，却尊为“有想（鲞）头”，有希望之意，表示吃了会有奔头；“元宝鱼”则用大大的鱼尾巴油煎而成，放在碗里，正好两边翘起，宛如元宝，只看不吃，取其“年年有余”的好兆头，“鱼”“余”同音，表示岁岁有余的美好愿望；“八宝菜”是一款素

八宝菜

菜，用腌菜、冬笋、黄豆芽、千张等八样蔬菜烧成，绍兴习俗，吃了八宝菜来年可以不欠债，八宝齐来，寓意财源亨通；用泥藕、荸荠、红枣烧成的甜点叫“藕脯”，民间取其齐齐备备，偶偶凑凑，寓意合家安康，万事如意；“芋艿螟脯”是由晒干的墨鱼水发后与芋艿同烩成肴，也是少不了的寓意菜。因“螟脯”与“明富”谐音，讨个来年生活富有的彩头。年糕、粽子也是年夜饭中必备的，用此两盘点心，读书人家寓意为“高（糕）中（粽）”，望来年必中进士或有所长进，普通人家则意取“年年高（糕）”“代代子”。

爆竹也好，菜肴的寓意也罢，都反映了人们的美好愿望，对美好生活的企盼与追求，随着岁月的积淀而成为一种民间习俗文化，并相传成俗。

百果油包

说起百果油包，“老绍兴”是记忆犹新，其经济实惠、香甜可口的美味仿佛还留在嘴边。

百果油包在绍兴是极其受欢迎的，凡经营馒头的小吃店都有供应，但各有巧妙，口碑不一。过去，最负盛名的要数开设在民国初年的王泰和茶食店，其店址位于市区水澄巷，它除了经营茶点、糕饼、奶油小攀、包子外，专供与众不同的百果油包。其店主王泰和虽从事小本经营，但十分重视油包的质量，不敢稍有马虎，他精工细作，选料认真，因此制作的百果油包色白、馅嫩、味美，甘香似蜜，温润光滑，现做现吃，深受人民群众喜爱。百果油包遂成绍兴的名特小吃之一。

油包是在白糖馒头基础上改良而成的，馅心中增加了豆沙、桂花糖、芝麻、松子仁、胡桃肉、金橘饼和猪板油，馅料丰富。这猪板油特别重要，是形成油包香甜活络口感的关键。制作极有讲究，需先撕去板油的衣膜，切成小块，用白糖将其腌熟、腌透，蒸时旺火沸水一气呵成，形成活油香甜的油包特色风味 。

吃油包讲究的是香甜活络，并要趁热吃才有风味，但需“小心谨慎”，如稍不留意，就会烫伤嘴巴，这是因为蒸透后的油包，板油充分融化，化为活油与豆沙，融合温度极高，需小口咬、慢着吃，细细品。

百果油包

绍兴人对油包感情深厚，许多场合都离不开油包的捧场。生日做寿的寿庆活动，油包是所需用的礼物之一，称为“寿馒头”，在馒头上需敲上红印，放上用红纸剪出的“寿”字，以示吉利喜庆，并作为寿礼分给喝寿酒（宴）者和不赴寿宴的左邻右舍。建房上梁，于吉日良辰之时，民间习俗需“抛上梁馒头”，这油包就成了吉祥的象征，在放好爆竹之后，木工师傅站在楼顶将油包往下面扔，早早就等在下面的乡亲邻里纷纷争抢，抢的是吉利，分享的是喜悦。此外，新婚女方探望男方的头年，祭拜菩萨时油包也是必备之物。当然，祭拜菩萨的油包，馅心中的猪板油是千万不能放的，不然将是大逆不敬。由此，也产生了“素油包”，从而给素食者带来了口福。

油包在绍兴人的生活中不可或缺，它蕴含着圆满、吉利之意，吃馒头讨的是彩头，图的是吉利，它们已成为民间的一大习俗。

五彩蒸馄饨

云吞、龙抄手，其实就是同一食品，馄饨也。虽名称有所差异，但万变不离其宗，只不过是各地叫法不同。当然，这不同，在一定程度上反映了当地各自的风土人情和饮食文化特色，即所谓“十里不同风，百里不同俗”。而绍兴人则一直称其为馄饨。

五彩蒸馄饨，用料讲究，制作精细，色泽鲜艳，形如蝌蚪，皮薄馅嫩，清香味鲜，食用时配以蛋皮紫菜虾米葱花汤，其美味真是别有风味，美不可言。在馄饨品类中，五彩蒸馄饨是一个较为特殊的品种，所谓特殊，因一般馄饨大都是在沸水宽汤中氽至成熟，此法十分符合馄饨的个性，能较好地突出馄饨鲜美活络的风味特色，而将馄饨用来蒸，稍有不慎则很难达到馄饨活络的口感要求，需要有精湛的技艺。因而，技术老到的师傅会在蒸的过程中选择恰当的时间，揭去盖，恰到好处地用洁净竹洗帚蘸点水，均匀地喷洒在馄饨上，使其皮子吸收水分，解决皮子有可能夹生的问题，并达到松软滑润之口感。这一技巧在蒸馄饨中犹如点睛之笔。这是其一。

蒸面食垫底的一般选用荷叶，而蒸馄饨则选用松针，这是为了防止荷叶的香气掩盖了馄饨的清香。松针清香文雅，其香不压馄饨的本身之香，与馄饨的面香相得益彰，犹如“红花绿叶”，使蒸好的馄饨

五彩蒸馄饨

香气文雅，耐人寻味。还有在馄饨将要蒸熟时，需抹上芝麻油与酱油，放上蛋皮丝、紫菜、虾米、虾子和葱花，五色缤纷，赏心悦目，这无疑形成了与其他馄饨不同的卖相和风味。这是其二。

馄饨品质的优劣，除了肉馅新鲜、手工排剁之外，皮子质量上乘与否是至关重要的。绍兴老百姓形容馄饨皮子优良，谓其“皮子像纺绸”，意为皮子薄如纺绸一样，均匀、稠软、又有韧性，口感润滑。像纺绸一样的皮子可不是随便能打出来的，要舍得花时间、静得下心，练就一番功夫，极不能“偷工减料”，面粉、水、碱的配比十分准确，打皮子时用力均称，薄如纺绸、不破不碎、厚薄均匀、柔糯而又富有韧劲，凸显制作者扎实的基本功和用心程度。

老绍兴买馄饨叫和馄饨，我觉得一个“和”字非常贴切、传神，蕴含着人文和风情。它既含有点明馄饨是在沸水中煮熟之意，又有馄饨带有汤水之实，更有馄饨合人胃口、舒适和合、易于消化的意思。因此，过去馄饨常作为开胃的良方，胃口不好了，嘴巴觉得无味了，

就会想到去“和”馄饨吃，以调节口味，增加食欲，至今在绍兴民间仍保持着这种饮食习惯。

五彩蒸馄饨做得最好的，在绍兴要算是开设于晚清时代的沈桂记馄饨店。此店开设于清道桥边，创始人沈桂生，为一家面积不到30平方米的单间门面的馄饨店店主。由于选料讲究，质量过硬，享有一定的信誉，在食客中留下口碑，成了沈桂记馄饨店的当家点心。中华人民共和国成立后，沈桂记馄饨店经公私合营，拆迁改造，遂改名为沈永和酒家，经营品种从原来的点心转变为酒、菜、饭、中西点、冷饮并举，但五彩蒸馄饨一直保留了下来，并不断改进用料，提高其质量，使其饮誉全国。五彩蒸馄饨成为绍兴著名点心，1989年被评为浙江省商业厅优质点心，并入选《中国点心谱》。

遗憾的是，在普遍存在“重菜轻点”的思想和图省求快的浮躁心理影响下，“五彩蒸馄饨”销声匿迹，成了人们的念想。

花椒鸭

鸭是绍兴人餐桌上的常客，特别在一些聚餐中，鸭更是占有重要的位置。花椒鸭、酱鸭、卤鸭、炖鸭、虾油鸭、裹烧鸭、神仙鸭等任凭喜好享用，这些民间鸭肴各具特色，食者百吃不厌。在众多鸭肴中花椒鸭更胜一筹，在民间几乎家喻户晓，极享盛誉。

花椒鸭的制作，工艺简捷方便，只需将鸭宰杀、煺毛、开膛、洗净，沥干水分，在鸭身上擦上花椒盐，略腌片刻，浇上绍兴酒、姜片葱花，蒸熟即可，如此简单省事。但其实是简而不易，要把花椒鸭制作得清香鲜嫩，爽口入味，也需勤于实践，用心悟道，积累经验的。光是煺毛，其水温的把握就非易事，没有足够经验的积累是绝办不成的。这水温高也不好，低也不成，必须70℃恰到好处，才能将鸭毛处理得干干净净。而且水温的合适与否还涉及鸭身的生落，如水温过高肉质就会发糊，失去鲜嫩爽口的味感，水温过低煺不净鸭毛，哪怕成菜后味道再好也会使人“望而生畏”，敬而远之。这是制作的技巧之一。还有花椒盐的用量，花椒与盐的配比也是制作的技巧，花椒多了，食之口舌发麻，过少则香味不足，且起不到开胃醒脾的作用，一般盐与花椒的配比应掌握在1∶0.04左右。蒸也是重要的技巧之一，重在火候的掌握，需要旺火蒸制，蒸至熟而不糊，鸭身生香。这花椒鸭

花椒鸭

的制作确实学问不少，不显山露水，简单中见功夫，需要在实践中细细品味，加以积累。

花椒鸭还是一款夏秋季节的应时佳肴，夏秋之际天气炎热，人体疲乏，食欲不振，需要开胃补身，给身体增加营养。鸭在民间一直被视为补物，养生开胃，《随息居饮息谱》谓鸭肉能“滋五脏之阴，清虚劳之热，补血行水，养胃生津”。花椒鸭正是具有滋补之功，而且鲜美开胃。因花椒鸭以花椒盐作为调味主品，增香益味、增鲜入味。花椒为芳香调料，香气强烈，麻而醒味，刺激味蕾，打开食者食欲，促进消化。花椒在中药中归入祛寒类的药物，能散寒除湿，解郁积，消宿食，《本草纲目》中明确指出其具有“味辛而麻”的特点，可除各种肉类的腥膻臭气，能促进唾液分泌，增加食欲。鸭用花椒盐来调味，的确合情合理，难怪花椒鸭备受青睐。

鸭是绍兴著名的特产，四季均产，更是四时八节的应时之物，由此造就了绍兴人应时应节尝鲜吃鸭的食俗，成为餐桌上的重头戏。端午红烧鸭，夏天花椒鸭，伏天神仙鸭，中秋桂花鸭，冬至之后晒酱鸭，鸭肴四季生香，精彩不断。鸭有新老、雌雄之分，饲养一年以上的雌性鸭称老鸭，多用以生蛋和传宗接代，养殖三年后的老鸭特具滋补，宜于炖食；雄鸭，民间俗称“秋姑头”，多为餐中之食，一般养至60天，即可食用，花椒鸭基本上是选用此鸭制作，因此鸭正在此时成熟，俗称“稻头鸭”。

绍兴人养鸭既有特色又很经济，按时下的说法就是低碳养鸭。绍兴这样的水乡泽国，是养鸭的“天然牧场”，河中盛产的螺蛳、泥鳅、小鱼小虾和浮游生物是鸭的天然饲料。

还有农家喜欢在农作时带上鸭子，将鸭放养在农田中，让鸭自行捕食，蚯蚓、虫子、杂草等都是鸭的美食大餐，绍兴人叫吃“活食”，这既肥了鸭子，省了饲料，又起到了为农作物除害和用鸭粪肥田的作用。这样生长的鸭，肉质特别鲜美，如此优厚的自然环境和淳朴的民风，成就了越地民众嗜鸭之食俗。花椒鸭便是众多美味中极富特色、最有代表性的佳肴。

巧 果

巧果色泽金黄，松脆甘香，是绍兴民间的一款传统点心，常自制自食，可作休闲食品，也是佐酒的佳配。

巧果之名颇具内涵，存有两说。一是从意趣上来说，因其制作精细，成品灵巧漂亮，需制作者心灵手巧而得名，它既蕴有赞美巧果的美味又含巧手做巧果，劳动创造财富之意。另一说因其油炸后形状翘起不平，而称为翘果。巧果的成因，源于民间的尝新之俗。尝新之俗有庆贺之喜，又含有感恩之情。绍兴鱼米之乡，物产丰富，四时八节均有应时的食材，使应时的民间美食供应不断，花样层出不穷，成就了百姓尝新的口福。大地回春，初春吃草籽，蒸草籽糕；清明时节采荠菜、马兰头、艾草等，有了艾饺、香干拌马兰头、荠菜做羹的美味；立夏的罗汉豆，秋高气爽的重阳糕，腊月风情的新酒、年糕添年味。巧果便是端午时节的产物，此时麦子丰收，打麦磨面；油菜遍地金黄，结籽榨油、菜油溢香，制作巧果具备了物质条件。勤劳智慧和善于饮食的绍兴人，久久为功，养成了尝新品味的饮食习俗。

巧果制作讲究技艺，要做得又薄又脆，又要炸得金黄，色泽均匀，需要有娴熟的技术。制作时先将面粉放在容器内，加入黑芝麻、绵白糖、精盐拌匀，用清水（也可加入鸡蛋）搅拌成团，揉匀后静止

巧果

30分钟。取面杖将面团擀成厚薄均匀的薄片，切成长8厘米宽、4厘米长的方片，在中间平行划三条，将面片的一端穿入另一端，呈巧果状。油锅置中火上，至四成热时，投入巧果炸至浮在油面上，色呈金黄，捞起沥油，即可。随着人们保健意识的深化，轻糖已成为饮食趋势，巧果的口味也发生了变化。由以甜为美的口味逐渐向轻糖保健的时尚型发展，在制作巧果原料的配伍中减少了糖的分量，高档的则用木糖醇替代白糖，使传统的点心也跟上时代的脚步。当然，也可用精盐替代白糖，做成咸味的巧果，也可用糖、盐合一，做成椒盐味的巧果。

巧果既是传统的，也是时尚的。巧果的食用方式随着时代的发展，融进现代元素，变得生动起来，产生了新的生命力与魅力。具有代表性的巧果配酸奶，花样别致。巧果和着酸奶吃，口味、口感互为补充，那是极妙的美味体验，不可抗拒，巧果的松脆甘美，酸奶的甘鲜柔滑是那么体贴，令人着迷，“土洋合一”，让舌尖也迷失了自我，个中的滋味真是难以言表。

巧果为端午节的应时面食，也是邻里和睦的使者，它蕴含着人文

情怀。秉承“远亲不如近邻”的绍兴人做好的巧果除了自家独享，还会馈赠左邻右舍，共享美味。绍兴住宅原先大都为台门式，一个台门一般居住着五六户人家，犹如一个大家庭，互相帮助，你来我往，特别是一家有了好吃的食物，定会分给其他人家一起享用，日子一长便成了约定俗成的“规矩”，也演绎成绍兴民间礼轻情意重的人文风采。真是和睦如亲，其乐融融，此种民风至今仍有所保持。

巧果的形状非常美观，以前常被大厨们移植在菜肴中，“以点带菜”制作花式热菜。如“扣巧肚”“巧果里脊”“泡巧果白菜”等，形态十分漂亮，很能调动食者的情绪引起其食欲，使食者心情愉悦，得到心理和生理上的双向满足，个中的缘由是司厨者的用心与精湛技艺赋予菜肴灵性、美感，精工简烹出美味。只是现今此种细活难见踪影，因此时代呼唤着工匠精神！

巧果是绍兴传统时鲜点心的代表之一，吃的不只是其美味，还有对岁月的追忆，亲情的重温，人文的品位。

梁湖年糕

梁湖镇是绍兴市首批小康乡镇，位于上虞市区东南方向，青山绿水，风光旖旎，因有梁湖而得名。

梁湖风水宝地，人文资源丰富，历史文化底蕴深厚。“梁祝”故事的发源地就在洪山湖畔的玉水河，素有“江南孝女”之称的曹娥也出生在曹家堡村美女山麓。境内更是物产富有，万亩湖藕连成片，万亩特菜一条线，万亩果品缀其间。

梁湖的美食是醉人的，在众多的美食中，令我记忆深刻的便是梁湖年糕。据传，清光绪年间，有个叫陈培基的梁湖人，在舂年糕时觉得燥粉加水拌和蒸舂，实在是老办法、老味道，年糕质地粗糙，缺少滑糯软嫩。此事成了他的“心病”，苦思冥想，如何能改进工艺把年糕做得细嫩柔软些。一日，用餐时又白又嫩又柔软的豆腐，开了他的心窍，他从中受到了启发，何不把制作豆腐的做法借鉴到年糕中去?

心动不如行动。于是他先把米用水浸透，再用水将米细磨成糊，然后榨干水分，上笼蒸熟，舂成年糕。果然，舂成的年糕光滑、细嫩、柔软，吃起来滑溜上口。后来，他以此为生，开店卖年糕，挂了“梁湖陈协卿上白水磨年糕店”的招牌，由于品质优良，生意兴隆。一传十，十传百，从民间传到官府，又从官府传进皇宫，慈禧太后吃

年糕

到这种年糕，要绍兴府随时采办，这样一来，梁湖年糕成了朝廷贡品。在京的外国使节品尝后也赞不绝口，纷纷带回家乡，梁湖年糕不但传遍全国，而且走出国门，传到国外，至今仍名满天下。

梁湖年糕的美味得益于其制作工艺的革新和创造，得益于将制作过程中的燥磨改革成水磨，虽是“磨”法的不同，但这一细节的革新，却使年糕的品质产生了质的改变。粗糙的口感变得细嫩、滑软，让人有了美味的新感受，这可说是年糕工艺的重大进步与革新，也是细节决定成败的经典注释。

年糕是人们十分喜爱的一种食物，吃法多样。炒年糕、煎年糕、汤年糕，变换花样，调节口味。大众化的如菜汤年糕，好一点的肉丝炒年糕，喜欢甜食的有糖煎年糕，特别在冬季将年糕备在家里，生活好像有了底气，一日三餐有了依靠。在我儿时的记忆中，把隔餐的剩菜或剩饭与年糕一起烧煮就是一顿不错的美餐，在物质贫乏的年代能吃到年糕那是令人高兴的事，真是如其之名“年年高兴”。

星移斗转，现在吃年糕已是一桩再平常不过的事了，年年岁岁、时时日日想吃就吃，有时吃年糕倒成了伙食简单的代名词。在饭店酒楼，年糕的吃法花样不断，不再是一统天下的主食角色，已“旧瓶装新酒”成了菜肴的配角，出了新意，有了美味。与鱼同烧，配之有道，成了可口的鱼烧年糕。“梭子蟹炒年糕”成了老百姓的最爱，还有“海参烩年糕”“海鲜炸熘年糕”“炸炒年糕”等，更有以年糕谋生，打出了以年糕为名号的饮食小店，如嵊州炒年糕店等。

美味来自民间，来自百姓平常的一日三餐，更来自岁月的沉淀和对食品“灵性”的感悟。梁湖年糕由于在工艺上的一“磨”之改，造就了新的美味，成就了一方特产，这是创新的魅力。

由此及彼，蕴藏在民间的众多食品，只要我们打开思路，勤于学习，勇于实践，推陈出新的美味将会层出不穷，菜品的创新也将是有水之源，天广地宽。

箸扲头

说起箸扲头，“老绍兴”是无人不晓的，而今不少人仍将其作为餐桌上的常客，在安逸地享受它的美味。

何谓箸扲头？这得从箸字和它的操作说起。箸即筷，这是先人对筷子的称谓，《史记·微子世家》中有“纣始有象箸”的记载。以前在老绍兴的灶头间几乎家家都挂着盛筷子的盛器，此物就叫“箸笼”，样式别致。“箸”改“筷”据说与撑船有关，船是水乡绍兴的主要交通工具，撑船者希望船撑得越快越好，而“箸”与“住”字谐音，“住”有停止之意，此乃是不吉利之语，十分忌讳，为图吉利，就反其意而称之为“筷”。

箸扲头之名是以操作之法而得其名，十分形象、生动、有趣。其操作之法是：将面粉放入碗中，加点盐、清水将其搅拌均匀成稠糊状，锅置火上烧开水，倾斜面糊碗，将面糊用筷子沿碗边扲入锅中，煮沸至熟，就成了箸扲头的料子，“扲”是在制作箸扲头时的一道关键性的工艺，十分形象地道出了其操作之要法，筷子在制作箸扲头时起着很大的作用，一直沿用至今。

箸扲头的配料“随遇而安”，当然以时鲜食材最为完美。民间一般是将南瓜、笋煮干菜等与其同煮，考究一些的加些河虾，由此做成

箸扴头

的箸扴头滋味滑韧鲜美，食之开胃。箸扴头应算是夏季的时令面食，始于初夏，此时南瓜上市，麦子丰收，河虾亦是成熟的旺季，加之春时晒成的笋煮干菜，诸料配伍合一非常和谐，发挥了原料各自的优势，可谓“强强联合”。笋煮干菜是绍兴民间夏季的恩物，不但入味鲜美，引人食欲，而且能去暑消热，强身健体，箸扴头的鲜美来自南瓜自然的时令之味，以及经发酵晒干的笋煮干菜所具有的香气和鲜味，它们在箸扴头的制作中起着吊鲜和开胃的重要作用，也体现了绍兴菜咸鲜合一巧呈佳味的风味特色和烹调之法的合理性。

箸扴头不光美味，更在于它的经济、实惠和省事省时。箸扴头原料来自大众之物，简单易得，又价廉物美；制作简捷、方便，省却了“烟熏火燎”的繁杂，常成为家庭调节口味的良策，从灶台上辛劳中解放出来的常用法宝，此举亦十分符合绍兴人勤俭持家的民风和人文特性。

箸扴头的影响力，在众多绍兴地方小吃点心中后来居上，走出民间的一日三餐，跃上了酒店宾馆的餐桌，成为招徕生意的特色风味拳头产品。在传统的基础上追求新的变化，在面粉中加入适量的生粉或土豆粉来增加其润滑的口感和韧爽的质感，在配料上更是新意不断，蟹、虾、鱼、鸡、鸭肉等，可以不设门槛地任性而为，演绎出不少使人耳目一新的佳品，诸如“三鲜箸扴头”“龙虾箸扴头”“蘑菇鸡肉箸扴头”“培红鲜蟹箸扴头”等，不拘一格。

在烹调技法上也得到不断的突破，由传统的煮演变为炒、煎、焖、烧等，“箸扴头炒虾仁”“箸扴头焖花蟹”“箸扴头煎银鳕鱼”“箸扴头五香鸭”等。不仅如此，在时下箸扴头还可作为轻食的一个品种，传统又时尚。有的以此为单品，开设了以卖箸扴头为招牌的专营店，效果很好，客人趋之若鹜，生意兴隆。只是其店牌取名为“老汤面疙瘩”，将“箸扴头”叫成了“面疙瘩”，不但使人觉得不地道、不正宗，还缺失了老绍兴的人文风情的味道。这可能是店主对箸扴头这一传统特色面食的领悟不够精到，缺少绍兴饮食文化的浸润之故。若能正本清源，正其名溯其源，赋予人文底蕴，吃出情趣、吃出文化，箸扴头将会更具特色，更有滋味，更能吸引食客，做精做专，其天地必将更为广阔。

盐烤笋

盐烤笋是绍兴山区特有的土产，也是笋资源丰富、靠山吃山的产物，更是笋农们的智慧在饮食生活中的呈现。

说起盐烤笋，在绍兴要算新昌的最为地道，又以新昌沙溪镇王坑村的盐烤笋最为出名。沙溪镇王坑村在新昌的西部山区，距离新昌城内有两个小时的车程，是个自然村落，仅住着五六户山民。这里群山环抱，山峦层叠，竹林吐翠，生态极好，宁静的山村，清纯的民风，新鲜的空气，天然的氧吧，山民过着原生态的生活。

盐烤笋就出自这样的原生态环境里，这里仍保持着原始自然的做法，保留着笋的韵味和灵气。每到5月待竹林似海、毛笋满坡之时，这毛笋也就到了制作盐烤笋的最佳时期。鲜食有余的毛笋便被山民们用来制作烤笋，一口土灶一口锅，将笋剥去外壳，一层笋一层盐放在土灶锅中，不加水，大火烧开，即用小火烤。再用炭火慢焐一昼夜，焐至食盐融化，咸味浸入毛笋之中，并在火媒介的作用下使毛笋中的鲜汁水与盐自然充分地相融，形成其自然的汤水，待冷却之后，装入坛中密封，用以整年食用。取食时需用工具，切不可用手直接捞取。不然，由于手的温度或不洁物的不慎带入将产生细菌，致烤笋腐烂变质。

盐烤笋

盐烤笋是山民们保存笋最“土”、最有效又最经济的方法，延续至今，成为王坑村的民风。每到冬季，绿色的山林便沉睡下来，山民的副食品远没有平原地区百姓的丰富，加之旧时交通不便，过冬时新鲜的菜蔬等副食品成了奇缺的珍贵之物，盐烤笋成了山民们过冬的下饭菜、救命菜，成了重要的副食品和最珍贵的美味，久而久之竟成了山里人的最爱。特别是北风呼啸，大雪纷飞，大雪封山后与外界几乎隔断联系，白米饭、盐烤笋成了维持一日三餐生计的重头戏，陪伴着山民们从寒冷的冬天走向暖和的春天，于朴实平淡中折射出生活修炼的智慧。

盐烤笋吃法多样，几乎与任何新鲜的食材均可搭配，鸡鸭禽畜、河鲜海鲜、田园佳蔬及豆制品，无一不可，任凭口味爱好随心发挥，只是需把握好盐烤笋的咸味适用性。最简单、最原味的吃法是将笋切丝或切片后浇上芝麻油，是下饭的最好搭配。盐烤笋可用来煲鸡炖鸭烧鱼焖肉，诸如烤盐炖鸭、乡味鸡煲、烤笋炒肉、烤笋烩鱼片、烤笋烧鱼、笋味鱼头煲、烤笋蹄子、烤笋氽梭子蟹等，均是最佳的搭配，咸鲜合一，相融调和，巧成美味；与鲜笋同烧成了美味的文武笋，别具一格；用来炖豆腐，那是素中佳肴。同时也不可忘了烤笋卤水的利用，用其浸渍一些食材又能创出一番口福，诸如卤浸香干、卤渍丝瓜、卤渍苋菜等，任由尊便。

在自然的条件下，盐烤笋随着气温的转暖，而开始发酵酥化，由原先生脆的质地向酥嫩演变，此时烤笋加上素油用来蒸食，气香、味鲜、质酥，十分可口，令人胃口大开，很是下饭。其味富有奶酪之胜，同理酥嫩的盐烤笋仍适宜与其他食材搭配成肴，只不过是成了另一番风味，另一种风景，更耐人寻味。

盐烤笋，是山里人辛劳与才智的结晶。在长期的生活中摸索出盐对食物的保护作用，利用盐强有力的渗透作用来制作烤笋，延续笋的食用期限，赋予其新的生命与精彩，也为自己的生活和生存创造了物质条件，为后人留下了宝贵的遗产，让我们的饮食生活变得更加丰富多彩，滋味多样。山里人对于盐烤笋怀有深情厚谊，它不仅在特殊的年代里，成了一种生活方式，更在于现在成了记忆深处难以忘怀的情愫和乡愁。

原味墨鱼

墨鱼是浙江菜中重要的烹饪原料，也称“乌贼”或“乌鱼”，是我国著名的海产品之一。其实“墨鱼”并不属鱼类，只是人们一种习惯的称谓。在浙江，墨鱼与大黄鱼、小黄鱼、带鱼统称为“四大经济鱼类”，深受广大消费者喜爱。

墨鱼肉质柔韧肥美，色泽洁白，味道鲜美，在烹饪上应用得十分广泛，可切成片、丝、条、丁或剞成花刀片，适用于拌、炝、卤、醉、烤、涮、熏、爆、炒、炸、炖、焖、烧、煮、烩、汆等多种烹调方法。江苏爆乌鱼花、山东盐爆乌鱼花、广东香辣墨鱼花、四川醋熘墨鱼花、福建茄汁墨鱼花、台湾铁板花枝卷、浙江的爆墨鱼花和墨鱼柳叶大烤等名菜，曾风靡食界。尽管名菜美味无限，但最令我欣赏的还是浙江沿海地区渔民的做法：原味墨鱼，其鲜嫩原味的质感和口味让人难忘。

我曾于2001年参加在台州举办的名菜名厨鉴定会。鉴定会上有几款黑乎乎的墨鱼菜肴引起了我们评委的兴趣。经当地同行介绍，得知那是民间的一种由来已久的食法，叫“原味墨鱼”，没有丝毫的“身外之物”。原味墨鱼源于渔民的生活之习，出海捕鱼劳作，饮食十分简单，没有复杂的炊具和调味品，捕到墨鱼往往是随手一洗，放入锅

原味墨鱼

中清水一煮，加点盐花，直接食用，便捷快速。日久成习，成了渔民食用墨鱼的传统吃法。

这种原生态的吃法，由渔民带上岸，进入沿海居民的饮食生活之中。原味墨鱼没有刀功处理，完好无损地保持了墨鱼原有的品质，保持着墨鱼原有的营养价值，因而营养十分丰富，成为当地一款养生之肴。坐月子时，产妇必吃此菜，用以增加营养，滋补身体。原味墨鱼的滋补效用，除了墨鱼本身之外，其体内的墨汁也起着重要的作用。《黄帝内经》中记载，“北方黑色，入通于肾”，黑色食物具有养肾的作用。现代科学表明，墨鱼中的墨汁含有一种粘多糖，具有抗癌的作用；又富含蛋白质，营养丰富；同时，它又是一种贵重药材，具有很好的止血功能。将鲜墨鱼墨囊内的墨汁取出，在低温下干燥、研碎、过筛，制成糖衣片可直接服用。若与白芷等止血中药配伍，其疗效更佳。简单出真味。

墨鱼汁广泛应用于烹饪和食品工业，可以配制成各种保健食品。在日本，以添加墨汁加工制成的面条、面包、薄饼、凉粉、鱼糜等食品，近年来已相继上市。由于墨鱼汁已公认含有抗癌物质，故深受消费者喜

爱。以墨汁染黑的食品，不仅在日本受青睐，在意大利和西班牙食用也很普遍，在美国也很受欢迎。在烹饪上多以食用色素的身份应用在菜点上，解除了使用人工色素之忧，增色增味改良菜品，而且价格不菲，据说在香港，一小碟墨汁墨鱼售价98元，日本一碗带墨汁的墨鱼面要价达3000日元。

我国有大量墨鱼资源，沿海各地均有出产，以舟山群岛出产最多。每年广东2—3月，福建4—5月，浙江5—6月，山东6—7月，渤海10—11月为出产旺季，墨鱼几乎四季不断，但许多人不知道墨汁的“身价”，开发利用更是少之又少，墨汁多被浪费掉，甚是可惜。其实，墨汁的利用在宋代已有描述，宋代周密在《癸辛杂识续集》中描述，狡猾的人向别人借钱，用乌贼墨写下借据，且久拖不还。这种墨初时很新鲜，半年后则淡然无字。若债主半年后催还，借债人索要借据时，就会发现借据已褪为白纸，无以为凭，借钱人就赖账不还了。此种墨鱼汁的用法当然只是传说，现代人已认识到了墨鱼汁的作用与效果，理当好好加以利用，相信定能开拓食用墨鱼汁的新空间。

元宵节食俗

年年岁岁，又到元宵时，元宵节伴随着悄然走来的春天脚步，又给新春增添新的欢乐，赏灯、猜谜、吃元宵，闹元宵，以祈求全年平安、万事顺利。

民以食为天，在热热闹闹的元宵节中，吃是一项重大活动，在民间中常以一句“元宵吃了吗”互相问候，吃元宵成了相传久远的民间食俗，据《武林旧事》记：“节食所尚，则乳糖圆子……澄沙圆子。”

元宵又称汤圆。因其水煮带汤而食而叫吃“汤圆”，这是其一。又一说是在辛亥革命后，袁世凯当了大总统，妄图称帝，遭到全国人民的反对，他忌“元宵”为“袁消”，于1913年元宵节前，下令把元宵改为“汤圆”。元宵是以糯米粉为主要原料，加以各种馅心，多是甜的，也有咸的，裹在中间搓成球形，圆圆的。馅心一般有芝麻、豆沙、核桃、桂花、奶油、咸味肉等几十种，风味各有特色，浙江的“宁波汤圆”，四川成都的“赖汤圆”“郭汤圆”，上海一带的“肉汤圆”，都是元宵中有特色有名气的。

在民间，元宵一般都是煮着吃，“团团秫粉，点点蔗霜，浴以沉水，清甘且香”。其实，元宵的吃法是蛮多的，可以用多样的烹调方法来完成，蒸、炸、拔丝、烹、烩等，可做点心也可做菜，当然，水

汤圆

煮是最基本的。过去，在元宵节这天家家户户都是自己做汤圆的，一家人围在一起，调粉、揉面、搓条、摘剂、包馅、搓圆，在一片笑语声中团团圆圆做好了汤圆，汤圆的馅心是甜的，做好的汤圆随时可吃，有当早餐的，有做点心的，更是作为元宵这一天亲朋好友做客时的待客之点心，充满喜悦，蕴含祝福。但现在汤圆大多是从超市里购买，虽省却了麻烦但也少了情趣、缺了气氛。

元宵节的食俗各有不同，真是应了“十里不同俗”之俚语。台州临海，不吃汤圆吃糟羹。正月十四吃咸糟羹，正月十五吃甜糟羹，祝愿生活越过越甜美。糟羹又叫糊头羹，其制作工序相当家常，就是把青菜、花菜、冬笋、豆腐、猪肉、蛤蜊肉这些切碎炒熟，在锅里倒水，加入米粉，边烧边搅拌，快好的时候把炒熟的菜放入锅里，加调味品拌匀就可以了。

吃糟羹有典故可溯，明嘉靖年间，戚继光抗击倭寇，军民粮尽，人们只能用野菜和米粉混合烧成糊羹给士兵们吃。为防止元宵节倭寇来袭，大家闺秀都在正月十四吃饱肚子，以抵御元宵节敌人来袭。韩国人则把元宵节称为“元夕节”，其食俗别具韩国风情，早上喝青酒也叫喝耳明酒，喝过耳明酒意味着一年就能耳聪目明，身体健康，这一年一直听到好消息；品干果，寓意皮肤一年四季不生疮，牙齿会更坚硬，平安顺当；晚餐要吃五谷饭，企盼事业有成，五谷丰登，硕果累累。

元宵节吃汤圆的食俗传承至今，小汤圆已成就了大市场。如今吃汤圆不再是元宵节的“专利”了，作为传统小吃，汤圆已登上了“大雅之堂”。它不但从民间和手工作坊的制作中走入了工厂化生产，形成系列产品，成为速冻食品的生力军，也成了餐饮业菜单中的常客，作为点心用来做菜，无所不宜，方便了百姓，使人饱了口福，甚幸！

端午吃“五黄”

端午吃“五黄”是民间由来已久的传统食俗，至今代代相传。每逢端午时节，家家户户“五黄”生香，其乐融融。

“五黄”均是应时之物，有黄瓜、黄梅、黄鳝、黄鱼和雄黄酒。在端午节这一天，不论贫富，五黄必定是餐桌上的主角。吃法如何，则要看主妇们的手艺了，真所谓八仙过海、各显神通。

黄瓜既可作水果又可当菜，是五黄之炊的开路先锋。现渍黄瓜、糖醋拌黄瓜、蒜泥炝黄瓜等，做法多样。黄鳝的吃法，一般根据其大小而定。小的划成丝，或炒或烩，配上应时的蒲子。菜油爆，猪油炒，麻油浇，是民间总结的炒好鳝丝的秘诀。当然调味的红酱也是必不可少的，祛腥添味，甘鲜增风味，炒成的鳝丝口味极佳，香鲜滑嫩，入味可口。还有以烩而成的鳝糊，配上香菇、鸡丝（猪肉丝）、笋丝加上调味品烩成羹，再放上少许蒜泥、姜、葱花，撒上胡椒粉，淋上热油，真是活色生香，鲜嫩润腴，非常适宜下饭。大黄鳝民间是十分看重的，有大黄鳝补身之说，大都是蒸着吃，放上咸肉或火腿，蒸糯。黄鱼最简单的吃法是虾油蒸黄鱼，加上虾油用旺火蒸食，咸鲜合一，鲜嫩入味。红烧黄鱼也是一道家常菜，与应时的蒜苗，加点木耳同烧，鲜香入味，那是主妇们的拿手之肴。咸菜黄鱼汤也是人们的最爱，配上自腌的咸菜，加点应时的笋片，将黄鱼略煎，浇上绍兴黄酒，加入开水和配料，烧煮成肴，肉质活络，鲜香入味，下酒和吃饭均可。

黄鱼过去并不显贵，是大众化的海鲜，2角8分就能买上一斤，不但便宜而且实在，但现在却成了稀有之物，名贵得不得了。在高档的酒店里，一条3斤重的野生黄鱼得花费上万元才能消费，真是“望黄鱼兴叹”。黄梅，开胃助消化，是饭后食用的好水果，也可做成梅酱，方便日后享用。雄黄酒，多用来助兴增加欢乐的氛围，从中药店里买回雄黄，加在白酒中，搅匀就成了雄黄酒。或作为大人们的端午宴中饮酒，或给孩子们在耳朵里或额头写上一“王”字，据说可祛邪，防蛇虫的侵害。但现今基本不喝了，因为雄黄虽有抗菌、镇痛消炎和提高机体免疫力的作用，但其主要成分为二硫化二砷，具有一定的毒性，大量长期饮用可引起急、慢性中毒。因此，人们大都改喝白酒、黄酒、葡萄酒和啤酒等。

吃“五黄”吃的是美味，要的是健康，为的是养生，图的是吉利。五月时值仲夏，天气燥热，人易生病，需要给身体增加营养，以安全度夏。五黄食物皆有黄亮的色泽。据研究，黄色食物营养价值是最高的，以黄为贵，是我国传统文化在饮食上的体现，“色尚黄，用五数”。“赤色入心，青色入肝、黄色入脾、白色入肺、黑色入肾”，是我国传统医学对食物色泽与养生关系的认识。在中医理论中，以脾胃为后天之本，气血化生之源，如脾气一虚，就会带来胃口不好、口淡无味，身体的横纹肌到内脏器官的平滑肌都会无力，出现疲劳的症状，因而在中医中也有“脾主肌肉”之说。为健康度夏就需多吃黄色食物。端午节吃“五黄”正是为满足这一需要，并以此为始，注意饮食，保养身体。

“五黄”

“五黄”的食物都是时令时鲜，“白苣黄瓜上市稀”， 黄瓜幼嫩，甚是鲜美，富含维生素C，并具清血、除热、利水、解毒等功能；端午时节黄鳝赛人参，此时黄鳝最为肥嫩，特具滋补功效，补虚损，除风湿、强筋骨、治痨伤等；黄鱼是端午前后的时令货，富含蛋白质，营养价值高，味甘性温，具有滋补填精、开胃益气的功效。时令时鲜之物，是食物的最佳食用期，滋味最佳，营养最好，端午的五黄正是如此。

在中国人的心目中，黄色是神圣的，庄重的，能驱邪镇恶。端午这一天民间称为毒日、恶日，吃“五黄”顺应了百姓保平安的心理需求。由此来看，端午吃“五黄”既适应了天时地利人和的关系，也反映了传统养生理念在人们饮食生活中的笃信与传承。

端午吃“五黄”是食俗，更是文化，是千百年来人们饮食养生经验的结晶，底蕴深厚，寓意明确，健康、养生、吉祥是端午吃“五黄”的主旨。

现今的端午吃“五黄”，已演绎成为节日经济，酒楼饭店推波助澜，纷纷亮出烹调“五黄”的绝活，炸熘爆炒，蒸炖烧烩，精彩绝伦，各显神通。五黄的吃法“日新月异”，既有综合性的“五黄宴”，又有单项原料的“黄鱼宴”“黄鳝宴”，其菜式车载斗量，难以计数。

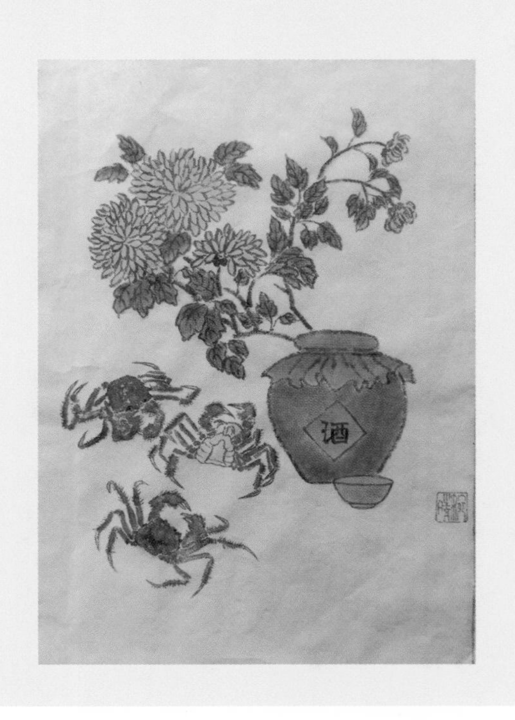

黄酒是世界上三大古酒之一，被世人誉为中国的国粹、世界的遗产。最好的黄酒产自绍兴，数千年来，芬芳四溢，不仅滋润和孕育了绍兴人独特的品性，而且融入人们日常生活的方方面面，代代相传，生生不息。绍兴黄酒蕴含着绍兴人的智慧、情怀、风情、食俗和生活的哲理。

“绍酒”为何物

翻阅菜谱总能发现这样一个问题，在调味品这一栏当中，烹制菜肴所用的酒都叫“绍酒”。据业内人士说，烹制菜肴使用绍酒，是在1978年第二次编写《中国菜谱》时，作为规范统一确定下来的，已成为行业的共识，这说明绍酒在烹制菜肴中最为适宜，并有着其他酒类不可替代的作用。

绍酒即绍兴黄酒，俗称老酒，具有相当长的历史，其品质为全国所有黄酒之冠，也是三大世界古酒之一，可称东方之酒。那么，为何烹饪中非绍酒不可呢？诸多的研究分析证明，这是由绍酒独特的品质所决定的。

绍酒能在中餐烹饪中独占鳌头，是因为：

其一，绍兴老酒有着其他酒种不可替代的保健作用。晋代张华《博物志》中讲了这么一个故事：“一日王肃、张衡、马均三人，冒寒晨行，一人饮酒，一人饱食，一人空腹。结果，空腹者死，饮食者病，饮酒者无恙。”这说明了黄酒有祛风寒、活血脉、壮筋骨的功效。黄酒这种特殊的养生保健作用与中国烹饪养生保健的精髓是多么吻合。绍兴民间向来将黄酒视作滋补保健之物，人累了适度喝点，对去除疲劳极有帮助。坐月子亦用酒冲鸡蛋给产妇滋补身体，“尤为

绍酒

妇女调经，老年活络之宝”。据有关报道，邓小平同志在晚年时每天必喝上一小盅黄酒。

其二，适中的酒精含量（酒精度16—19.5度），具有温和绵长、效力持久的溶解渗透作用，这一作用在黄酒用作药引中得到充分的佐证。自古以来，黄酒被称为百药之长，温和绵长和效力持久的特性能够将药物充分溶解，达到最佳的药性，这是其他酒类所难以做到的。至今，每当冬季，在绍兴仍保持着用黄酒浸泡“十全大补药酒”的习俗，人们对其滋补之功笃信不疑。绍兴话中的“后反唐”准确、形象地表达了绍酒这一特有的秉性，在烹调中绍酒的主要成分乙醇与食物融合产生酯化反应，去异、增香、益味，优化食物的品质。如：硬的变成了酥的，老的成了嫩的，有腥味和臊气的改善成了美味的等。因此有了在烹饪教科书上所说的黄酒具有的作用。黄酒亦如“干鲍的煨制最宜于炭火徐徐煨制” 一样，恰到好处，恰如其分地呈现其温和绵长和效力持久的特性。

其三，丰富的营养内涵。据测定，绍酒中氨基酸达21种，其中含人体必需的氨基酸8种，以加饭酒为例，每升总含量达6770.9毫克，是日本清酒的1.6倍，啤酒的6.8倍，葡萄酒的4.25倍，糖类、糊精、有机酸、酯类、维生素等浸出物及其他酒类中少见的微量元素，尤其是氨基酸所具有的鲜、甜、酸、涩、苦等味与食物（菜）相融，和合成佳味。法国的可涅克白兰地，波尔多葡萄酒，苏格兰威士忌，德国妙根啤酒等，我国的茅台、五粮液、汾酒等及喧闹一时的XO白兰地、杜松子等蒸馏酒，其酒精含量均在45%—65%（V/V），除含有一定量的酯香物质即香味素外，其营养价值难与黄酒匹敌。因而绍酒被誉为“液体蛋糕”是极有道理的。

其四，应有的热量。酒作用于人体后产生热量，不温不火，正适宜人体的需求，绍兴民谚云“你会雪花飘，我会老酒咪”。窗外大雪纷飞，室内把盏言欢成为寒冷冬日绍兴民间一大风情，黄酒是生热催暖的极佳饮品，应用在烹饪中如催化剂一样，使食物易于成熟入味，缩短了烹调时间。

其五，易被消化、吸收。绍酒以糯米为“肉”，麦曲为“骨”，酒药为“魂”，鉴湖水为“血”，系纯酿造的原汁压滤酒，经90天发

绍酒

酵所形成的浸出物，不但营养成分高，而且易被人体消化、吸收。

其六，高品位，低价格。绍兴黄酒是世界上最古老的饮料酒之一、中国黄酒的最高杰作，集饮料、烹饪、药引于一体，作用巨大，现为国宴名酒，但其大众化的价位作为烹饪用酒优势是极其突出的。

绍兴黄酒由于其特有的品质和作用及在烹饪中的上乘表现，成为中国烹饪公认的中餐料酒和司厨者的至爱，应是“众望所归”。其实，绍酒成为中国烹饪的“料酒”，也是历经千百年来才逐渐被确立的，其对烹饪的优化利用也是在“去伪存真，去粗存精”的实践中被认可了的。

绍酒的品质造就了其在烹饪中的地位。有了绍酒，烹饪似乎变得精彩起来。绍酒不仅用于祛腥、解腻、增香，还能增醇、益味、增鲜、杀菌、消毒、保质，分解和融化食物养料，优化食物结构，有助于人体消化吸收，使菜肴产生醇香隽永的风味。从烹饪科学和营养科学的意义上来讲，绍酒还具成熟法、催化剂、营养培养基的作用。

成熟法：以酒的渗透功效，作用食物使其成熟。这个成熟不是一般意义上的生与熟的概念，它是一种风味的成熟。如：“醉麻蛤”经酒等调味品醉后，麻蛤的血水不见了，壳也开了（壳开一线为最佳食用期），表明风味成熟了。但需掌握一个度，即它的“得时”（最佳食用期），不到这个度，也就不成“熟”；过了这个度，就熟过了头，均会失去它应有的风味。不熟的麻蛤食用后还会使人感觉不适，有食物中毒之隐患，过“熟”则肉质“老”、滋味偏咸、风味缺失。以“醉蟹”“醉麻蛤”为代表的生醉类菜肴，最具典型。以酒成熟，以酒成肴，酒成风味，此成熟法在绍兴菜“糟醉风味”中应用十分广泛，表现得淋漓尽致，其菜品难尽其详。

催化剂：为化学上的名称，是一种加快化学反应的物质。在烹饪中绍酒也扮演着这样的角色，有着相似的作用。“葱焖鲫鱼”，在焖制时，“少着水，多着酒”，以酒代水，经加热，在火的作用下，促进绍酒这个催化剂作用的发挥，使其烹调时间缩短，成品骨酥味鲜，香醇甘美，食用时无须吐鱼刺，骨酥如肉，可放心地和鱼肉一起享用。这就归功于酒的溶解与渗透、直至软化和酥化鱼的骨刺的催化剂作用。其他，诸如“三杯鳝”“家烧烧鸭”“神仙鸡”“香酥炖肘子”等也有着异曲同工之妙。

营养培养基：是医学上的一个术语，是使某一种菌获得生命养料的物质。在烹饪中绍酒就是这样一个优化原料结构的培养基。“东坡肉”是杭州的传统名菜，它那油而不腻、酥而不烂、香酥绵糯的风味，得益于绍酒，绍酒是形成其风味的培养基，“慢着火，少着水，火候足时它自美”，绍酒温和绵长的溶解、渗透功效，分解了肉的脂肪，改变了脂肪的结构，使原来生硬带有膻臊气的猪肉变成了香气醇厚、酥糯不腻的美味，进而使人体容易消化吸收，以酒代水，赋予了“东坡肉”的培养基，酒是形成其风味的灵魂。

“绍兴酒如清官廉吏，不参一毫假，而其味方真，又如士耆英，长留人间，阅尽世故而其质愈厚。”绍酒天然品质，天人合一，天之美禄。“汲取门前鉴湖水，酿得绍酒万里香。”随着对绍酒品行认知度的深入，对绍酒功效的进一步熟知，绍酒这一低度、健康、蕴含中国儒家文化的酒伴随着中国烹饪的繁荣，应用的领域更加广阔，必将演绎得更加精彩绝伦。

留存记忆深处的味道

——小忆糟鸡二三事

上了年纪，往往滋生喜欢回忆往事的情愫，尤其是儿时的印象和一些留存在脑海里深刻的事，横亘在心头，咀嚼出缱绻的味道，温暖着我早已渐行渐远的童年。

一吃二玩是我们儿时的头等大事，在那食物非常匮乏的年代，对美食的渴望成为我们这一代人的梦想。逢年过节是我们最开心的日子，虽然也不能放开肚子吃，但总能吃到一些平时难得吃到的食物，久违的美食会让我们激动不已，心灵得到片刻的满足。在这些美食当中，我最爱的是母亲做的糟鸡，那鸡肉鲜嫩中带有嚼劲，未曾入口先闻到鸡肉的脂香与酒糟的醇味融合于一体所特有的香气，真是馋得我口水难忍。纯朴的母亲勤劳而智慧，平时勤俭持家，日子过得虽拮据但很温馨。

糟鸡平时是不做的，只有到了过年的时候，母亲才会把“白斩鸡”余下的鸡肉用来做糟鸡，做好后给我们几个儿女吃些，母亲会给我们一份一份地分好，而我常会撒点娇，逼着母亲开点小灶，这可能也是家中老小享有的特权吧。留下的要给正月里来家做客的亲戚享用。这虽已是半个世纪之前的往事，但这事、这味还是那样清晰地留存在我的脑海里，成为我对已过世的母亲一种独特的追忆方式。

做糟鸡

想不到在母亲糟鸡滋润下的我，成人后由吃糟鸡的人，竟成了制作糟鸡的人，并在行业中小有名气，这可能是天赋和勤奋的缘故吧。1991年已是特二级厨师的我，接到了公司领导的任务，要我担任技术指导，以华侨饭店的名义，领衔参加中商部在河南郑州举行的全国优质产品金鼎奖的比赛。那用什么作品去参赛，需要好好地斟酌，经大家反复商议，选定用绍兴糟鸡去参赛。

为慎重起见，我们广泛征求意见，对糟鸡做了些社会调研，考量

其能否担当代表绍兴菜中优质产品之盛誉。乡贤鲁家贤先生在信中深情地写道："吃糟鸡确实是一种美的享受，能吃到糟鸡，我感到真真回到了绍兴。我虽在奥地利，远离家乡，但每当回想起绍兴糟鸡，我犹如回到了生我养我的故土。"鲁先生对糟鸡钟爱有加和对家乡的眷恋之情跃然纸上。"糟鸡的历史十分悠久，来自民间，代代相传，这与当地的资源条件是分不开的。糟鸡是历史文化名城绍兴最享盛誉、最具特色的名肴之一。"这是绍兴市政协原副主席陈惟于先生对糟鸡的评价。

另从酒店的销售业绩、食客的评价和调研情况看，我们觉得糟鸡可以作为优秀作品代表参加比赛。其理由，首先，糟鸡具有深厚的民间性，逢年过节几乎每个家庭都会制作；其次，糟鸡一直是行业中经久不衰的深受消费者喜爱的食品，有扎实的社会基础；最后，制作糟鸡的原料丰盛，它们均是绍兴的特产，得天独厚，还有制作工序并不复杂，易于标准化生产和推广。

糟鸡

要用糟鸡制作的最高水平，体现优质产品的水准，首先需要有好的原料。一是鸡，二是酒糟，鸡问题不大，选用饲养8个月左右的，在当时的绍兴选食材还是极具优势的。酒糟却是个问题，时值初夏，酒糟已过了生产期，很难找到合适的酒糟，没有办法，只得去几家酒厂寻找，碰碰运气，未果。最后到了沈永和酒厂，向师傅们说明了我们的来意，还好有一位挑酒坛的师傅非常热情、慷慨，把他自己贮藏的香雪酒糟赠予我们，真是十分幸运，解了燃眉之急。天遂人愿，我们还“得寸进尺”向师傅们讨要了正在烧制的糟烧（用酒糟烧制的一种白酒，绍兴叫“糟烧”）。有了糟和糟烧这两样制作糟鸡的必需原料，我们就有了底气，信心大增，回到酒店便动手制作起糟鸡来。经反复试制，对比配方数据，精选出了最佳配方，确定了制作方法和腌糟时间，较好地突破了在糟鸡制作中，容易产生苦涩味的难点。这次比赛，我们的计划十分谨慎周密，每个环节、每一细节全面考虑，周密安排，从原料选备、制作工艺、装盘呈现到交通运输等都做了细致的参赛方案，力争打有把握之仗。

到了参赛目的地——郑州，我们马不停蹄进入备赛状态。比赛这一天，打开腌制的糟鸡坛，顿时香气四溢，沁人心脾，让一旁的杭州人惊奇不已，“绍兴佬，啥西嘎香个！（绍兴人，什么东西这么香！）”功夫不负有心人，糟鸡获得了成功，喜获优质产品金鼎奖。在颁奖的晚宴上，我们将糟鸡分给每桌宾客品尝，赞誉不断，扩大了糟鸡的声誉。

这次参赛制作的糟鸡，可说是我从厨40余年来最完美的一次，也是最令我享受的一次。以后尽管一直在努力制作，不断总结，但就是做不出这样高品质的糟鸡。

总结反思，究其原因，问题出在原料上！现在真的找不到如此高质量的酒糟和鸡了，原料成了难以突破的最大瓶颈，实为憾事。难怪清代大美食家袁枚先生会说“买办之功居其四”，真是一言中的！过

去制作糟鸡的食材首推越鸡，据史书记载春秋战国时越国古都绍兴卧龙山一带饲养越鸡已成民风，经过几千年的汰选逐渐形成了皮薄、肉嫩、骨松的特点，成为享誉全国的优良禽种，明清时曾做贡品。越鸡以散放饲养为主、生长周期长、成本高，在品种迭代筛选中，不知怎的，难见其踪影，成了一种追怀和念想。

糟鸡的成名，得益于绍兴老酒的辅佐。绍兴老酒名扬四海，具有丰富的营养价值，郁香异常，味醇甘鲜，经科学分析含有17种氨基酸，易被人体消化吸收，并有提神、开胃、消除疲劳之功效。它的副产品酒糟具有相似的作用。而酒糟中的精品，当推香雪酒糟之隔年糟为佳。香雪酒，以成年糟烧代水酿成的双套酒，酒液淡黄清亮，芳香幽雅，味醇浓甜。其酒糟香气浓郁，甘鲜醇厚，酒精度高于其他品种的黄酒，品质更为领先，适宜于鸡的醉糟。醉糟时先醉后糟，在鸡身上先喷洒上少许50度的绍兴糟烧酒，一般每500克鸡喷上7.5克糟烧为宜。多则味发苦，少又达不到增香的目的，喷酒时讲究雾状喷洒“全而匀”。糟时一层酒糟一层鸡放入坛内，需实而有隙，坛口密封，坛内流通。

醉糟时间以七天为宜，此时正好糟、盐、鸡相互融合，气味运转，香气四溢，糟香入味，咸鲜入味，妙不可言。酒糟中的乙醇扮演着重要角色，其渗透作用既使鸡肉中的蛋白质等物得到融合，又溶解了鸡肉中的脂肪，促使蛋白质凝固，从而达到糟香入味，集糟香、脂香于一体，这是一种和谐之美。

绍兴利用酒糟糟食，历史悠久。陆游曾写诗曰：“旧交髯簿总相忘，公子相从味独长。醉死糟丘终不悔，看来端的是无肠。”清嘉庆《山阴县志》亦载有“酒糟，诸物通其味而即甘美”。用鸡、酒糟等制作糟鸡，实为珠联璧合，物尽其美，是酒乡绍兴以酒成肴成功的范例。它源于民间，凝聚着天下母亲的智慧和节俭的民风，并由民间灶台走向市肆，历经百年传承而成为绍兴的传统名菜。糟鸡拼酱鸭是以前绍兴的饭店酒楼中有名的冷盘，一般客人都喜欢点这个冷菜，可惜现在都不供应了，这个品种失传了，实为憾事。不知是什么原因，使得此菜失传，是此菜装盘技艺要求较高（硬刀面），或工艺较为繁杂?

在绍兴民间还有一款糟鸡的姐妹菜叫“醉鸡”，均得益于绍兴老酒的功力。这醉鸡与糟鸡有着异曲同工之妙，目前饭店酒楼供应的糟鸡，借鉴了醉鸡制作的经验，直接将煮熟、改刀后的鸡放入制好的糟卤中浸糟，24小时后即可食用。将腌糟的工艺改变成了浸糟，其优势是一天就能制作好，大大地缩短了糟鸡的制作周期，传统的糟鸡制作需要7天，虽说在品质上少了些香醇，但此举适应了当今快节奏的生活方式。只是我们千万不要遗忘糟鸡的传统制作技艺。

岁月静好，糟鸡长情。记忆中的糟鸡是世上最珍贵的美味，任何山珍海味都难以与之匹敌，因为乡愁永远连着胃，它凝聚着家的滋味，母亲的爱，它总能挑起一缕浓浓的乡愁，深深地扎根在记忆的心海中。而于我，糟鸡的味道将伴随着我，一路走来，品味母爱。

闲谈兰香馆的头肚醋鱼

头肚醋鱼是绍兴家喻户晓的传统名肴，尤以兰香馆的最为出名。

兰香馆创建于清同治初年，始为赵氏经营的饭摊，因为赵氏人和气，常常宾朋满座，遂撤摊设店，并以其爱女“兰香” 芳名作为饭馆之名。饭馆为两层楼房建筑，可使用面积达200平方米。二楼餐厅狭长，餐桌大都靠窗壁边沿摆设，用餐者既可舒适进餐，又可观赏闹市街景。楼下餐厅明炉亮灶，以“门板饭”的形式供应菜肴快饭，其菜品质量好，价格公道，经济实惠，深受广大食客喜爱，往来顾客络绎不绝。其菜肴原料就地取材，以当地水产、猪肉、豆制品为主，造就了头肚醋鱼、绍式小扣、单腐、扎肉等一大批有影响的绍兴名菜。

兰香馆坐落在城市水上交通中心——大江桥堍，店面临街，后门沿河，店主充分利用其优势，别出心裁地在店后的河埠头置船养鱼，专门活养两三斤重的胖头鱼，让顾客可以品尝到最新鲜的食材，选得舒心，吃得放心。这种看鱼下单，现烧现吃的经营模式，颇受城乡顾客的青睐，形成了特色，做出了名气。

兰香馆根植民众，菜肴质量顶准，口味好，而且价格公道，老少无欺，这在“老绍兴”中留下的记忆是深刻的。亲友聚餐、朋友小酌、各种宴会都会选择在此。记忆犹新的是在20世纪70—80年代，兰香馆成了农民兄弟的最爱，进城必到，每当春时卖菜籽或是“双抢”结束，农民兄弟便会成群结队进城改善生活，平时虽十分节俭，此刻定是慷慨解囊，头肚醋鱼是必点的，单腐、小扣也是需要的，围桌而坐，把盏言欢，美酒佳肴，享受辛劳后的惬意，庆祝丰收的成果和分享喜悦。此时的兰香馆热闹非凡，生意一片繁忙，头肚醋鱼便会在一片叫好声中顷刻告罄。

头肚醋鱼专门选用胖头鱼的鱼头和肚裆为主料，活杀现烹，将鱼头与鱼肚切成块，下锅加调味品烧至成熟即可。其制作看似简单，实则不然，是很有讲究的，极其考验厨师的功力。

先是选料，要选生长在水质优良的活水大胖头（学名：花白鲢鱼或叫鳙鱼），鱼的大小也极其重要，一般应选5—8斤重的，鱼太大肉质过老且油腥重，太小肉质过嫩水分多，不够丰腴，影响口感；刀口也应有板有眼，需斩成5厘米长、3厘米宽的长方块，且绝对不能将鱼肉横着斩；烧时需旺火热油，并加酒去腥，加酱油不咸，加糖不甜，加红酱不糊，加水不宽，调味不盖鱼鲜。烧制重在火候的掌握，用旺火烧上3分钟之后，断生立马启盖，勾芡亮油，成菜时葱花、姜末、胡椒粉是万万不能缺少的，撒上后祛腥增香增色益味。这

捕鱼

头肚醋鱼

样，烧成的醋鱼才能色泽红亮，鱼肉活络，卤汁浓滑，不腥不腻，香鲜酸甜而不盖鱼的本味。头肚醋鱼，这种平中见奇的烹调之法在绍兴菜的烹饪中凸现奇功。

“头肚醋鱼”源于民间，民间惯叫醋熘鱼，由家常菜发展而来。每到萝卜上市，便是吃醋熘鱼的大好时节，家家户户的餐桌上都充满了醋熘鱼诱人的鱼香。但在物资匮乏的年代里，精打细算的绍兴人烹制醋熘鱼时，当然是萝卜数量多于鱼肉，既经济实惠，又尝到了鱼鲜，饱了口福。尽管是这样的醋熘鱼，一般还需在改善生活之时才能享用到，足见醋熘鱼在绍兴人心目中的地位。除了日常餐饮，醋熘鱼在逢年过节、重大节庆、婚丧嫁娶的宴席中更是不可缺少，是宴席上的一道重头菜。越乡名宴“十碗头”中，醋熘鱼是必需项，这是民间约定俗成的。

头肚醋鱼也与其他很多名菜一样，其形成及发展均离不开民间烹饪这方沃土。醋鱼在民间的餐桌上是备受推崇的，也是极其讲究的。时令时鲜，突出一个鲜字，在原料配合上，鱼鲜配时鲜，配料四季有别，春配春笋，初夏丝瓜，盛夏伏鞭，秋搭茭白，初冬用冬笋，隆冬则与萝卜为伍。笋、茭白、萝卜、丝瓜均是吸味性强之物，又含丰富的纤维素、维生素等营养物质，既能改善鱼之腥味，又能中和原料的酸碱度。配料味甘性凉，而主料（胖头鱼）则味甘性温，温凉调和，膳食均衡，这在很大程度上造就了头肚醋鱼的营养价值。

在形成头肚醋鱼的风味中，绍兴酒起着至关重要的作用。在头肚醋鱼烧制加热中，祛腥、祛异、增香，绍兴酒的作用得以充分体现。其经加热分解，生成其他化合物，与米醋等调味品相融，在加热和酶的作用下，产生了有机酸和醇类物质的酯化反应，合成低级的脂肪酸酯这一令人愉悦的香气，从而促使头肚醋鱼香气更加浓郁，馋人口水。绍酒中的矿物质还可以减少成菜后头肚醋鱼的氧化，使其色泽更加美观，酒香点亮了头肚醋鱼之灵魂。

黄酒在烹饪、特别是浙菜烹饪中的广泛运用已是众所周知的，在1978年由商业部饮食服务局、中国烹饪协会、中国财政经济出版社共同主持下，第二次编写的《中国菜谱》中，经烹饪专家、知名厨师共同认定，全国各大菜系在烹调中统一使用绍兴黄酒，并作为行业规范被确定下来。这正是由绍酒独特的品质及其在烹饪中的上乘表现所决定的，也是经百年来前辈先贤在烹饪实践中不断探索、不断认知，“去伪存真，去粗存精”的历史沉淀。适中的酒精含量，温和绵长的溶解渗透力十分适用于中餐烹饪。其在头肚醋鱼中便得以充分体现。

头肚醋鱼风味的形成基于好鱼、美酒等优越的食材，而好鱼、美酒都离不开好水的辅佐，绍兴具有得天独厚的水资源，使得绍兴酒醇正绵和。其色，橙黄或琥珀色，正、透、纯、亮；其味，甜、酸、苦、辣、鲜、涩，六味调和；其香，浓郁而清雅，被誉为酒品之国粹。“天下灵泉汇鉴湖，制成佳酿色味殊”，鉴湖水源自会稽山区36支小溪，经岩层与砂砾过滤净化，含有微量矿物质，硬度适中，澄澈纯洁，极宜于酿酒。好水酿美酒，好水更出好鱼，鉴湖水同样也是胖

头鱼的乐园，湖水清澈，十分适宜鱼虾生长繁殖，所产胖头鱼少腥味无泥土气，且肉质活络鲜美，是大自然的恩赐，天之美禄。

鉴湖水不但成就了绍兴酒、胖头鱼的品质，且在头肚醋鱼风味形成的过程中也不能忽视其所起的作用。在某种意义上来说，水也是一种调味剂，水质的优劣也会影响菜肴的品质。富含矿物质的鉴湖水在烹调头肚醋鱼时，与其他调味诸物相融，祛异、益味，产生清鲜甘美的效果，使头肚醋鱼成菜口味更加鲜美，菜得佳水，皆尽芳味。

兰香馆几经变迁，因为城市建设的需要，现已被拆掉，成了“老绍兴”的温馨记忆，所幸头肚醋鱼的美味却是代代相传，成为绍兴菜不朽的经典。食尚唯美，经由一家酒店头肚醋鱼烧出了名堂，食者趋之若鹜，并由此而带动整个酒店行业的兴隆景象。然而，头肚醋鱼最朴素的情怀，你或许会在几家农灶里才寻得出最初的本真。头肚醋鱼不仅是一道餐桌美味，更囊括了绍兴的水土精华，也是绍兴人心中的一段记忆与情怀。

岁月静好，守望小炒的味道

在岁月的长河里总会有一些人、事，抑或是一种味道，因为喜爱而演变成我们不可或缺的一种习惯，根深蒂固。小炒是一款地道的绍兴传统菜肴，影响面广，几乎所有的老绍兴对小炒这一传统菜都备感亲切。小炒在那食物匮乏的年代成了人们改善伙食的不二选择，成为永驻在记忆深处的美味代名词，并伴随着人们由贫穷走向富裕。

其实，我就是一个小炒的粉丝，从懂事开始就品尝了小炒的滋味，并乐此不疲。我的外婆家在孙端，每年的正月全家便会去外婆家拜年。舅舅是乡下的厨师，烧得一手好菜，经常落家去做家宴，在当地还颇有名气。舅舅十分好客，他的待客之道是平时自己省吃俭用，待客极为慷慨，总是尽自己的所能，把最好的饭菜做给我们吃。除了冷菜之外，第一道热菜就是小炒，小炒美味使得我们吃了还想要，一碗小炒肯定是不够的，舅舅也晓得我们这些馋嘴的秉性，往往另有准备。一直吃着舅舅小炒长大的我，在美食序列中，是将小炒排在第一位的。造化弄人，意想不到的是，长大后我的工作竟会是厨师，从一个小炒的粉丝，瞬间成了制作小炒的实践者。我是幸运的，在同心楼学厨时，碰到了绍兴名厨盛阿三师傅，他后来成了我的恩师。阿三师傅是烹制小炒的高手，为人厚道，一辈子奉献给了绍兴的烹饪事业。

从那时起我才真正见识了地道、规范的小炒。看阿三师傅烹制小炒真叫过瘾，切食材刀如飞梭，炒时翻锅自如，一气呵成，其滋味令人拍案叫绝，从此我在学习小炒烹制的路上跋涉至今。

小炒以猪肉丝为主料，韭芽、冬笋丝为配料，加入绍酒、酱油、米醋等调味品，经煸炒而成，是一款冬令、初春的时肴，应时、应景、应味。你看食材均是得令的肥壮鲜嫩的猪肉，应时的冬笋和韭芽。在烹饪中最讲究食材的时令，唯有得令、应时的食材才是最为鲜美，最富营养的。鹅黄色的韭芽、浅黄色的冬笋寓意着冬去春来的好兆头。冬春之季正是逢年过节之时，小炒爽脆鲜嫩、清香开胃的风味特色正好在食多了油腻的鸡鸭鱼肉乏味中，唤醒了人们疲乏的味蕾知觉，出尽风头，露足脸面。

小炒的制作是功夫活，凸显绍兴烹饪之魅力，平中见奇，很是考验司厨者掌控火候的能力和调味水准。烹调选用煸炒之法，煸炒之法在厨艺中极见厨师之功，十年磨一剑，技艺熟练、经验老到，若没有一定的烹调积累与经验，是炒不出理想的小炒菜肴的。爽脆、鲜嫩、入味是小炒最基本的品质要求，在实际烹制中往往会出现成熟有余，爽脆不足，肉丝偏老，或爽脆有余，还带有明显的生涩味，并入味不足，缺乏对“度”的把控。小炒在烹制中最讲究的是火候的运用与调味品的相融，在短时间内将食材烹制得爽脆、鲜嫩、入味，肉丝的煸炒极为关键，这就是所谓的“功夫”。民间对烹制小炒也是极为重视的，几乎各家各户的灶台上都能见到它的身影，炒得好的，常被誉为厨艺了得。

绍酒是中国烹饪约定俗成的烹饪用酒，对小炒有着锦上添花之妙用，在烹制小炒时一般会使用两次绍酒。一是在煸炒肉丝时淋入的绍酒，此时掌握得法非常重要，既要起到保持肉丝的鲜嫩，又得使其具有祛膻保嫩增香之力，这就需看准时机和酒的用量。二是待到炒制成肴将要起锅之时，再添加绍酒，使其酒的酯香随着锅铲的炒动和翻锅，添香入味。小炒出锅盛入盘中，此时香气满满，挑战着人们对美味诱惑的忍受能力。

小炒与绍酒也正好是天造地设的绝配，是“酒仙”们的最爱，下酒非小炒莫属。一口酒、一筷菜，小炒和着酒润喉怡口，酒香菜香氤氲舒畅脾胃，顿时酒胃大开，应了“生活要对手，吃酒要咕口”的民谚。“酒仙”们你敬我让，你来我往，好不逍遥自在，有滋有味，此情此景，局外人见之感染其中，情不自禁地流口水。小炒是有容乃大，在美食中贡献极大，不仅独立成肴，还是取意“十全十美”的绍兴传统名宴“十碗头”中必不可少的一道炒菜。

此外，寿宴中的炒面、过年正月请客时的炒年糕，小炒常作“翘头”，增色增味，提升品位。同时小炒也是春令时肴“油炸春卷”的御用馅料，因有其加盟，春卷大放异彩。此外，小炒还有其延伸产品，诸如榨菜炒肉丝、香干炒肉丝、雪菜炒肉丝等，应时适口，各得其所，各具风味。

小炒

小炒在饮宴活动中的应用十分广泛，不论民间自行操办还是在酒楼饭店中办宴，筵席中都是少不了小炒这道热炒。倘若没有小炒，赴宴者总会觉得缺少了什么，乃至会产生失落之感。在百姓一日三餐中改善生活，小炒成为首选，款待客人也必以小炒待之，以示对客人的尊重。外地的游子想念家乡的美食，小炒总是名列前茅，闻到小炒的滋味犹如回到了家乡，有了家的感受。

小炒除了有“正统血脉”的，也有民间草根版的。所谓“正统血脉”，就是小炒的选料配伍、烹调有严格的规范要求，草根版则可“随遇而安”，根据自己的喜好和现有的食材配制烹调。在特定的年代，这是物资匮乏的产物，民间红白喜事的筵席，小炒作为热炒必在其中。经济薄弱者，筵席中的小炒往往采用将正统与草根相结合的形式，民间俗称“戴帽”的小炒，所谓“戴帽”就是先将炒熟的萝卜丝垫底，在萝卜丝上盖上少量的正统小炒，既让筵席中有小炒，又达到节省的目的。这种小炒成了另一种风味，先不论其品质差异，呈现的却是浓浓的情意。

台门人家

小炒传承至今，值得引起我们关注的是，在当今菜系互通、中西餐交融的情境之下，绍兴的一些传统菜肴得不到有效的传承。有的厨师根本不知道在绍兴菜中有小炒这道传统佳肴，有的虽在烹制，但不知道地道小炒的配伍和烹调之法，任凭自己主观臆想，没有标准，更无规范，这是令人忧虑、不安的，好在现在市委、市政府非常重视绍兴菜的振兴，我们应抓住这一大好时机，正本清源，让这一传统佳肴不走样、不变味，青出于蓝而胜于蓝地传承下去，万万不可偏离传承与创新的轨道，迷失自我。

小炒是思乡与美味的蛊惑，有韭芽的清香爽脆、冬笋的甘鲜脆嫩和猪肉丝质感的鲜嫩，三者相融，经绍酒等调味品的滋润和火候之功，所产生的美味让人难以言表，更令人难以忘怀。小炒通过视觉、嗅觉、味觉等，作用于味蕾的细微体验，直达心灵，烙上了深深的印记，成为人们对绍兴美味的认知和美食的标签，酿成挥之不去的满满乡愁。无论身居何处、脚步多远，小炒总是顽强地萦绕着，如同妈妈的味道，传承心中的念想，成为绍兴美食永恒的经典，抑或，这缱绻于怀的不仅仅是一种味道，而早已成为对家的依恋，对岁月的守望。

绍菜奇葩话酒烹

绍酒的知名度日益扩大，饮用绍酒的好处在广度和深度上也日趋显现，然而，人们对绍酒在烹饪上的用处却一直认知不全。其实，烹饪离不开绍酒的辅佐，其增香益味、造就风味“功不可没”，如能深入地研究下去，将是一个非常深邃的领域。

绍酒应用于菜肴烹制的历史是久远的。脍炙人口的 “东坡肉”，始于宋朝，相传，宋元祐年间，苏东坡第二次到杭州任职，发动民众疏浚西湖，在大功告成时，他把百姓馈赠的猪肉、绍酒，用“少着水，慢着火 ，火候足时它自美”的秘诀烧煮成肴，分给民工享用，这便是“东坡肉”的由来，更是绍酒入肴赋予菜肴浓郁酒香的典例；“醉死糟丘终不悔”的“醉蟹”源于南宋；至于“酒冲鸡蛋”“神仙鸡”“酒浸枣子”等民间做法更是多姿多彩。而今，制作中国菜使用绍酒调味，已是中国烹饪的“法规条文”，在规范性的菜谱中都是注明使用绍酒，这是商业部在1978年第二次编写《中国菜谱》时，作为行业规范统一确定下来的，极具权威性。

以酒入肴由浅至深，由单一到多样逐渐演变成以酒烹调，这是烹饪用酒的成熟走势。酒煎、酒焖、酒炖、酒蒸、酒氽等烹调方法，已越来越被广大烹饪工作者所熟知和应用，这些在运用绍酒烹调实践中

绍酒

积累而成的极具特色的烹饪文化，在博大精深的绍兴烹饪史上形成一枝瑰丽的花朵。

酒蒸　酒蒸之法简单实用，不乏技术性，多用旺火沸水而蒸，重在食材鲜嫩度的把握，酒与食材的融合。此法得益于绍兴酒与河蟹的启发，绍兴人食蟹与众不同，最讲究蟹的本味，特别喜欢将蟹清火甲而食，吃清火甲湖蟹又颇有讲究，须用绍兴酒相配。有诗云："右手握酒杯，左手持蟹螯，拍浮酒船中，便足了一生矣。"

据中医理论：蟹为寒性食物，味虽鲜美，却不宜多吃，唯恐寒食郁积，与绍酒相伴则多吃无妨，因酒性温，温寒相抵便无疾患之虑，而酒又能去腥味，食之更觉鲜香。智慧的厨师运用此原理发明出以"花雕蒸蟹"为代表的酒蒸之肴，用酒祛腥、祛寒、补温、增香，演变成酒蒸之法，使菜品具有香鲜活络、无腥无臊的特点。"花雕蒸蟹"由于绍兴酒的作用，不但使蟹祛腥、入味，更使蟹肉鲜香活络。蟹鲜、酒香融为一体，趁热食用，备感蟹肉活络，鲜香味美，别有风味。酒蒸之法应用广泛，特别适用于河鲜海鲜，菜品有"酒蒸鳜

鱼”“酒香鳕鱼”“太雕花蟹”“酒蒸河虾”等。

酒煎　“煎”是绍兴人擅长的烹调之法，家常菜中的“菠菜煎豆腐”“萝卜丝煎带鱼”“碗头鱼”“咸菜素鸡”等都离不开一个“煎”字。酒煎之法是以此为基础发展而来的，并以绍兴酒作为调味主品，选用鲜嫩易熟的禽畜、鱼虾、豆制品等为主料，经刀功处理，调入基本味后，入锅煎制，在出锅前再烹入绍兴酒增香，使成品形成干香鲜嫩或活络入味、酒香浓郁的风味特点。“铁板煎花蟹”是酒煎之法中的代表作，鲜活的花蟹杀洗后切成块，烤热铁板待下物时节能发出嗞嗞的声响时，将经绍酒等调味品腌渍后的花蟹放在铁板上煎，加以姜末、蒜泥，煎至花蟹断生时，再烹入绍酒等调味品，离火即可。绵长雅致的酒香伴随着花蟹肉质的活络，入口让人味蕾兴奋，一尝为快，食而难忘。此外，“酒煎肉饼”“生煎虾饼”“香煎素火腿”“砂锅鲍鱼”等均是酒煎中的佳品。

酒煎的原料大都是鲜嫩之物，煎制时，重在成熟度的把握上，火候不到则生，过火则老，风味顿失，得司厨者在煎烹时用心领悟，反复实践，才能得以娴熟。酒煎的妙处在于酒香与原料的融合，在出锅前的一瞬间，烹入绍酒，由于高温的助威，犹如足球比赛中的临门一脚，尽显酒烹的特色，那酒香既渗透原料内改善质感，提升菜肴的口感，又产生绍酒特有的扑鼻香气，让闻者垂涎欲滴，食者唇齿留香。

酒焖　是以绍酒作为主要调料与“焖”之烹调方法相结合的产物，具有很高的技术性，极见功夫。通过先旺火后小火，经较长时间的加热焖制，达到原料与绍酒等调味品的有机融合，使成品产生汁浓味醇，酥嫩醇香或软嫩鲜香的滋味质感效果，“酒焖海参”便是酒焖菜品中的经典之作。海参是滋补珍品，常为宴席上的佳肴，因其营养价值较高，含有50多种对人体生理活动有益的营养成分，其中蛋白质含量达55%以上，是一种典型的高蛋白、低脂肪、低胆固醇食物，但美中不足的是其所含有的蛋白质属不完全蛋白，特别是蛋氨酸和色氨酸比较少，而绍酒中这两种氨基酸的含量却不少，通过焖烧不但能得到美味的享受，还弥补了海参的不足，也利于蛋白质互补，使海参的营养价值得到提升，达到美味与养生的最佳效果。“酒酿大尖椒”“三西鲍鱼”“酒焖冬笋”“葱焖鲫鱼”等佳肴风味的形成，均离不开绍兴酒的功劳。

酒炖　是将“炖”之烹调方法与绍酒结合的一种风味操作法，炖的长处是小火慢炖将食材加热到酥糯，原汁原味，较完美地保护食材的营养成分。小火慢炖的特性正与绍酒绵长酒力的秉性相吻合，在焖这个烹调方法如催化剂般的作用下，徐而不急的火候，从从容容地将绍酒与原料融化在一起，以酒祛腥、增香、益味、改善和融化原料的结构，利于吸味、融味，使成菜形成酒香浓郁、汤醇味甘、绵糯入味、营养丰富的风味特色，有利于人体对食材的消化吸收。“酒香鱼翅四宝”便是酒炖之法中的一个极好的样板菜，此菜选取鱼翅、海参、鲍鱼、瑶柱等食材，放入容器，加入以绍酒为主调制而成的酒香汤汁，以隔水炖的方法，使菜肴成熟，形成馥郁绵糯，汤醇味甘的风味特色，成为绍菜特色菜肴中的高档之作。

酒汆　选用的是鲜嫩易熟的食材，使用较多量的绍酒作为调味主品，以旺火沸汤速汆而成，是以保持食材的鲜嫩活络为特色的一种快速烹调之法。成菜具有汤宽清口、滋味醇和清鲜、质感滑嫩爽口的特点。适应酒汆的食材一般有禽肉、畜肉、鱼肉、虾仁、虾、笋、蘑菇及时鲜的蔬菜等。酒汆的风味之处除了能让人享受到绵醇的酒香之外，还在于菜肴质感上的活络和滋味上的入味。“酒汆大虾”与“盐水虾”的烹调方法十分接近，但由于调味品的选用及用量的不同，成品的滋味特别在质感上有着本质的区别。“盐水虾”虾肉结实，虾肉紧贴虾壳，而“酒汆大虾”则虾肉嫩而活络，虾肉与虾壳几乎脱离，基本保持了虾原有的质地，还容易入味，方便食用，究其原因，主要是绍酒的作用，绍酒中的乙醇遇热具有极强的挥发性，不但带走了虾的腥味，还恰到好处地渗透和活络了虾肉与壳，使其形成了脱离的状态，造就了“酒汆大虾”如此的风味。其他的诸如“清汤鱼片”“酒焯蛤蜊”“酒汆植物四宝”等均有异曲同工之妙。

绍酒在烹饪中造就风味，如鱼得水，惠民口福，其效用口不能

酒烹美食

言。但在烹调时也应注意用量的把握，少则不香，难成风味；量多则会产生苦涩和酸辛味之嫌，达不到酒烹的妙处。

酒烹是中国烹饪浓郁的风情，也是绍兴烹饪的特质，更使绍酒在烹饪中淋漓尽致地得到发挥。绍酒品质为全国黄酒之冠，在中餐烹饪中能独占鳌头，成为官方推荐的调味用酒，这与绍兴酒中丰富的风味物质有关，甜、酸、苦、辣、涩、鲜六味和谐相融，形成一种醇和、柔顺、丰满、浓郁、圆润、悠长的味感形象，这种风味应用于烹调具有极高的效用，为以酒烹调奠定了基础，日积月累便形成了以绍酒为风味特色的烹调之法。

“鉴湖酿造名扬四海，古越烹饪香飘九州。”绍酒天之美禄，越乡烹饪博大精深，两者互融，相得益彰，精妙绝伦。相信随着人们对绍酒品行认知度的不断深入和对绍酒功效的进一步熟知，绍酒对烹饪的作用将更为巨大，应用的领域将更为广泛，必将演绎出更多绚丽多姿、异彩纷呈的酒烹调文化。

后反唐

——绍兴酒的精神内核

绍酒历史悠久，酒文化浓厚，乡情酒俗淳厚古朴，酒典佳话耐人寻味，酣醉的酒红色晕染千百年来的江南水乡，萦绕、贯穿着整个古越文化。在众多的酒文化中，我最欣赏的是“后反唐”这一暗语酒功效特性的描述，它准确而又形象地揭示了绍兴酒功效特性的内核，将其区别于其他酒种的特色和个性十分显明地展现出来，风趣生动，妙不可言。

“后反唐”一词源于绍兴人对戏剧《薛刚反唐》的叫法，这出戏也是绍兴人爱看的戏剧之一，被绍兴人称为《后反唐》。《薛刚反唐》讲的是：唐时薛仁贵之子薛丁山为奸臣张台（张士贵之子）所害，满门抄斩。薛丁山的长子薛猛囿于封建道德，愚忠愚孝，终于做了封建制度的牺牲品。而薛丁山的三子薛刚，为人性格坚强，不肯屈服，终于起兵反唐，报了血海深仇，使正义得以伸张。初时隐忍，后继者方露峥嵘，这与绍酒饮时润和适口，不火不烈，而后劲强烈的特性十分吻合。因而以《薛刚反唐》的剧情作为借喻，显示绍酒独特的酒品和酒文化的深厚内涵，但如果不是正宗的绍兴人常常难懂其意，难品其味。

“后反唐”是饮酒后，酒与人体机能作用之后的一种生理现象，

使人处在似醉非醉的状态，这是酒后的一种极妙境界，人生难得几回醉。此时，思维活跃，机体兴奋，可谓文思泉涌，汩汩而泻，信手拈来，下笔如有神，文人墨客的不少名篇佳画也可说是酒后“后反唐”作用下的产物。“自称臣是酒中仙”的李白斗酒诗百篇；王羲之在兰亭曲水流觞，聚集文人骚客乘兴挥毫，一气呵成，写下了举世闻名的《兰亭集序》；陆游的千古绝唱《钗头凤·红酥手》，也是他在微醉之后，情不能已，在沈园断垣上挥毫而就的，等等。醒时不能言，醉后感悟墨，此中佳作不胜枚举，可见绍酒的“后反唐”之功不可小视，值得我们细细品味和好好研究。

绍酒的“后反唐”作用在绍兴菜中也有上乘的表现，菜和酒始终是相随相伴，美酒佳肴天作之合。有了绍酒的“后反唐”作用，佳肴也就生动、出彩起来。祛腥、解腻、增香，还能增醇、益味、增鲜、杀菌、消毒、保质，分解和融化食物养料，优化食物结构，有助于人体消化吸收，使菜肴产生醇香隽永的风味。炖煮菜品用酒调味，会变得又香又酥，滋味悠长；炸烹用酒，入口又香又脆；煎炒用酒使食物细嫩；清蒸用酒，使食物更加新鲜、活络；汆、拌、炝等烧法用上绍酒后醇香清口，味美甘鲜。

酒中的乙醇是一种良好的有机溶剂，能将产生腥异味的物质溶解。在烹调中，随着温度的升高，这些物质可随酒的挥发而被除去。酒是一种保护剂，在烹调蔬菜时，掌握好加酒的时机，能有效地保护叶绿素，使菜肴碧绿鲜嫩，色泽美观；酒能降低有机酸的含量，使其更富营养，更加可口，酒还具有增色松嫩的作用。炒蛋时加酒，使其鲜嫩松软，光泽鲜艳；做冷拌面时，面条结团喷上酒，面条就会散开，操作自如。

我想绍酒在我国众多酒种中能脱颖而出成为中国菜的烹饪用酒，也是基于绍酒“后反唐”的这一特性吧！绍兴传统菜“扎肉”之所以能保持肥而不腻、香酥甘醇这一风味特色，亦是由于绍酒的“后反唐”与猪肉起着酯化反应，凭借这一后劲，成功地将猪肉中的脂肪分

绍酒

解，并解腻祛膻，软化组织，进而促进“扎肉”风味的形成。

“后反唐”之功在糟醉风味菜肴中表现得更为淋漓尽致。仅以糟鸡为例，糟鸡是绍兴民间的传统菜肴，用家鸡（仙鸡）和酒糟等原料腌制醉糟而成。因其取料容易、制作方便、易于久存、香醇味鲜而为大众所喜爱。咸鲜入味，酒香入味，糟鸡这种风味特色的形成得益于绍酒绵长的“后反唐”酒力。制作糟鸡有诸多工序，而醉糟是形成其风味的关键，除了需要讲究用料比例，更要把握其醉糟时间，也就是“后反唐”的作用力。糟时一层酒糟一层鸡放入坛内，需实而有隙，坛口密封，坛内流通。制作后酒糟与鸡形成最初的结合，此时其作用只是在表面的，难以渗透到鸡肉内部，随着绍酒“后反唐”作用的渐行渐深，由表及里，直至鸡的骨肉之中成就风味。若时日短，难显“后反唐”的魅力，糟鸡则味发刺、发苦，起不到增香入味的目的。从制作的实践经验来说，“后反唐”对鸡的作用时间最好以七天为宜，因此时正好糟、盐、鸡融合，气味运转，香气四溢，糟香入味，咸鲜入味，妙不可言。在这里，酒糟的“后反唐”作用扮演着重要角

色，其绵长的渗透作用既让鸡肉中的蛋白质等物质得到融合，又溶解了鸡肉中的脂肪，促使蛋白质凝固，从而达到糟香入味之效果，这是一种厚积薄发式的张力，温而有力，不张扬有内涵，使绵长的酒力徐徐而发，改善口味，形成风味。一叶知秋，这就是“后反唐”的魅力所在，这是一种和谐之美，品而难忘。

绍兴老酒，天之美禄。绍酒的品质之优，“后反唐”作用之妙，以吾愚见：一是有“酒之血”的鉴湖之水，奠定了绍酒“后反唐”的基础。鉴湖之水含有大量的人体必需的微量元素，如铁、锰、铜、铬、钼、钴、锶、硒、钒、氟等，其中钼与锶的含量高出一般地下水或地表水许多倍。这些微量元素对造就绍酒的品质产生积极的影响，非其他黄酒所能及。梁章钜在《浪迹续谈》中说：“盖山阴、会稽之间，水最宜酒，易地则不能不良，故他府皆有绍兴人如法制酿，而水既不同，味即远逊。”

二是适中的酒精含量，是绍酒“后反唐”的灵魂，保证其能温和绵长，效力持久地溶解渗透。这一“后反唐”的作用在黄酒用作药引时也得以充分的佐证。

自古以来，黄酒被称为百药之长，温和绵长和效力持久的特性能够将药物充分地溶解，达到最佳的药性，这是其他酒种难以做到的。白酒少鲜，辛辣冲口，温和不足；啤酒多苦，爽口有余，厚重欠缺；葡萄酒偏涩，涩而挂味，刚劲不够，而绍酒的“后反唐”作用正像厨界“干鲍的煨制最宜于炭火徐徐煨制一样”，恰到好处。

三是酿造精致、工艺独特，“小雪”制酒母，“大雪”摊饭，到翌年“立春”榨酒，密封盛装，一般经过三年贮藏才开始饮用，绍酒经过如此精到的酿造，集聚生气，薄发出绵长的酒力，其“后反唐”的巨大张力应是功到自然成。

酒是活态的，有着自己的个性。白酒是直白的，不胜酒力者，无须几个回合，就遗憾败北，但其醉意也是来得快去得快；啤酒在量，酒呀水呀，喝的是肚量；红酒从雅，一看二摇三闻四品，讲的是斯文；而绍酒则雅俗共赏，极富人性，犹如名士。

一如袁枚老先生所言："绍兴酒如清官循吏，不参一毫造作，而其味方真。又如名士耆英长留人间，阅尽世故而其质愈厚……余常称绍兴酒为名士，烧酒为光棍。""后反唐"其实就是绍酒名士风度秉性的一种显现与折射，内敛文雅，厚积薄发。绍酒这种"后反唐"的秉性，源于绍兴名城的孕育。"后反唐"从表象上看考量的是一个人的酒量，但其实质却是人的耐力与智慧的反映。

绍酒这一"后反唐"的秉性，如同热情而又含蓄的绍兴人，沧桑和磨砺，沉淀的不仅是岁月更是智慧，体现的是坚忍不拔、发愤图强、自强不息、立志有为的胆剑精神，"胆"就是卧薪尝胆，"剑"就是披荆斩棘、勇往直前。公元前494年，吴越争霸，越败。勾践于公元前492年，偕妻子、范蠡等入质于吴，受尽耻辱。三年后返国，经过"十年生聚、十年教训"，终于在公元前473年消灭吴国，报仇雪耻，成就了霸业。那置于死地而不屈，绝地重生的隐忍是一种坚持，只为适时的厚积薄发和最终的胜利。当激励将士的酒香沿着投醪河飘散时，当攻克敌国城池的欢呼声经久不息地响起时，世人对这一发愤图强的民族由衷地敬佩。一方水土育一方人，一方人民酿一味酒，绍酒的"后反唐"正是这胆剑精神的最佳诠释。

岁月悠悠，斗转星移，那越王勾践卧薪尝胆的胆剑精神代代相传，至今仍是我们的文化脊梁，绍兴文化软实力的核心，也是绍兴经济社会发展的精神支柱和驱动力。它流淌在绍兴人的血脉中，支撑着绍兴人，已经成为推进绍兴现代化建设的巨大精神力量，是绍兴精神的核心和灵魂。

民以食为天，绍酒的"后反唐"作用应当科学地加以利用与发展，在烹饪这个平台上，海阔天空，任其作为，为中国菜增色添彩，成就特色，丰富滋味，值得我们为之自豪和喝彩。然而，我们对绍酒"后反唐"的认知还很肤浅，需要百尺竿头，更进一步，以科学发展观为指导，揭示其神奇的奥秘，服务于经济社会。

过酒坯

过酒坯，“老绍兴”耳熟能详，在我的记忆中是那么清晰，难以抹去，这大概与我父亲喜爱喝酒有关吧。记得小时候，父亲上下班手里总是拎着一只袋子，袋子里两样东西是少不了的：一瓶绍酒，一包过酒坯，父亲酒瘾不大，一日两餐，半斤为度，从不喝醉，但每餐必喝。

看父亲喝酒真是一种享受，待酒光菜净时，他便脸泛红光，笑眯眯的一副陶醉悠然的样子。父亲下酒用的过酒坯大都是一些卤豆腐干、酥鱼、苏鱼头、花生米、小酥豆、白切猪头肉、荷叶粉蒸肉等之类，实惠而美味。这便是我年少时心中的过酒坯。

说来真是有缘，几经辗转我竟做了一名厨师；并且，终日与过酒坯打着交道。

过酒坯是绍兴土话，就是“下酒菜”的意思。绍兴人将下酒菜称为过酒坯，其寓意深刻，也说明了绍兴人对酒秉性的熟悉。“坯”从字面上看，似乎有半成品的意思，如“坯子”“坯儿”，用在对下酒菜的称呼上，我以为菜只有与酒相结合，互相融合才得以完整、完美，提升成为天下无双的美味。事实也是如此，酒不能独木成林，离开过酒坯的辅佐，必将极大地逊色，不但无味无趣，多饮还会伤身。

众所周知，古城绍兴是黄酒的原产地，绍兴酒享誉中外，绍兴人会喝老酒也是颇具名气的。然而，有酒就有过酒坯，这过酒坯历来是绍兴人喝酒时的必备之物。而过酒坯也是因人而异的，一种会喝酒喜欢喝酒的，民间戏称为“酒仙”，他们以酒为主，酒是他们的挚爱，对过酒坯的要求是随意、大度的，有啥过啥，几粒花生米、几颗茴香豆、几块豆腐干都足以满足其过酒之需。喝酒在于喝得自在，喝得惬意，有了酒就心满意足。

鲁迅笔下的《孔乙己》也曾有这样的描述：“买一碟盐煮笋，或者茴香豆，做下酒物了”；另一种喝酒的人是对过酒坯十分讲究的，他们要看菜喝酒，有了好菜就想到了酒，以酒添味，以酒助兴，是菜肴引起喝酒的兴趣，这些人喝酒很在乎菜的优劣，菜肴成了喝酒的“原动力”。

过酒坯有狭义和广义之分。狭义的过酒坯一般指的是卤味。“城中酒垆千百所”，旧时绍兴的酒店大多是以供应卤味为主的，卤豆腐干、千张结、五香牛肉、白斩鸡、卤鸭、酥鱼等是常见的过酒坯，并以“五香卤味，四季时鲜”为招牌，如在清道桥旁的沈永和、利济桥边的丁和永，还有鲁迅笔下的咸亨酒店等。广义的过酒坯那是不拘一格的，一般的菜肴都可算作过酒坯。绍兴菜历史悠久，底蕴深厚，名菜名点俯拾皆是，其品种之多，难详其穷，真是喝酒者的口福。由此想到，绍酒被俗称为福水是有其根源的。

“生活要对手，吃酒要过口。”过酒坯多有门道，不同的菜配不同的酒，这样更能领略到黄酒特有的风味。酒与菜的配合讲究的是平和乐胃，滋味互补，这是由过酒坯的品性所决定的。蔬菜类、海蜇皮等冷盘宜与元红酒相配，这是因为元红酒是用摊饭法酿造，发酵完全，残糖少，味甘爽微苦，酒为16—17度，属干型的老酒；肉类、大闸蟹最宜与加饭酒来搭配，加饭酒香气浓郁，口味醇厚，糖分高于元红酒，酒为18—19度，因酿造时须多投料，故名，其酒品为半干型；鸡

过酒坯

鸭之类的过酒坯，善酿酒是其最合适的搭档，半甜型的善酿酒，糖分较多，口味甜美，芳馥异常，酒为15—16度，鸡鸭肴与善酿酒相配，其味妙不可言；甜菜、点心与香雪酒相伴最感适口，香雪酒芬芳幽香，醇红鲜甜，酒在20度上下，民间常称其为甜酒。

西餐中也有类似的要求。葡萄酒也极讲究与菜肴的搭配，上冷盘或海味杯时，要饮烈性酒，用烈性酒杯；上汤时，饮雪利酒（sherry），用雪利酒杯；上海鲜时，饮冰镇白葡萄酒，用白葡萄酒杯；上副菜时，饮红葡萄酒，用红葡萄酒杯；上主菜时，饮香槟酒，用香槟酒杯；上甜点时，饮砷酒（Port），用葡萄酒杯；上咖啡时，饮白兰地酒或利口酒，用白兰地酒杯和利口酒杯。此外，日本料理也是这样，吃生鱼片喝清酒（Sake），酒种虽然不同，但看来它们的习性却是相通的。

过酒坯以时鲜为美，四季有别。冬天的白切羊肉、醉麻蛤、五香鸟肉、糟鸡、酱鸭；清明的鹅、芽豆，春日的喜蛋，立夏的罗汉豆、麦头虾，夏日的毛豆、玉米、荷叶粉蒸肉；秋日的大菱、栗子、油炸小餐鱼、泥鳅干等均是下酒的好菜，都是过酒的尤物，口味鲜美，很能引起喝酒者的情趣，刺激人的味蕾，让人品而难忘。在《社戏》里，鲁迅描写吃罗汉豆的情景，真是让人垂涎三尺，田里现摘、船上现煮，是鲁迅一生中吃到的最鲜美的罗汉豆；倘若能配以老酒，会使人有“人间美味天上来”之感。“一直到现在，我实在再没有吃到那夜似的好豆”，真是“一鲜盖百味”，没的说!

在长久的饮酒习俗中，成就了不少绍酒与过酒坯的绝配，这些绝配成了传承百年的经典，有的也成了越地百姓广为流传的俚语，并演绎成了一种民俗文化。螺蛳是水乡绍兴极为普通之物，也是绍兴民间喜食的荤腥小水产。焐螺蛳、蒸螺蛳、炒螺蛳是绍兴民间餐桌上的常客，尤其是到清明前后更是如此，用螺蛳下酒，其美味可谓难以言表，炒螺蛳尤为见长。

炒螺蛳时要旺火热油，加红酱、酱油、生姜、葱花、老酒、胡椒粉，掌握好螺蛳的断生度，这样炒出来的螺蛳肉质肥美鲜嫩，吮起来还有一股鲜美的卤汁顺喉流下，越吃越有味，吃得使人上瘾。吮螺蛳过酒是民间最爱，与酒绝配，“笃螺蛳过酒，强盗来了勿肯走”。酱鸭是绍兴冬令的传统佳肴，选用老鸭。经腌、酱、晒制而成，肉色红润，香气浓郁，肥而不腻，以此下酒，不但其味鲜美，并可祛寒生暖，利于养生，因而民间有“你有擂地西北风，我有陈酒酱鸭送”之说。加饭酒与河蟹的搭配，淋漓尽致地演绎着菜与酒完美结合的真谛。清火甲湖蟹是酒友们的心仪之物，吃时最须用绍兴老酒相配。有诗云：“右手握酒杯，左手持蟹螯。拍浮酒船中，便足了一生矣。”

据中医理论：蟹为寒性食物，味虽鲜美，却不宜多吃，唯恐寒食郁积，与绍兴老酒相伴则多吃无妨，因酒性温，温寒相抵便无疾患之虑；且酒又能去腥味，食之更觉鲜香，其味无穷。一碟茴香豆，一碗

绍兴酒，买醉品味，酒香、豆香氤氲缭绕，醉人心脾，这是绍兴独有的文化，特有的风情，深植民间，传承不息。茴香豆的香味充溢在鲁迅笔下、孔乙己的长衫间，“每每排出四文大钱，要一碟茴香豆”，就着一大碗醇厚的绍酒，“慢慢地坐着喝”，还端出一副上等人的架势，令那些同处咸亨酒店喝酒解乏的引浆贩卒者侧目。在绍兴喝老酒必得备一碟茴香豆，那种耐嚼的滋味与同样需要慢慢品味的老酒叫人享受不尽，这茴香豆的滋味离不开绍酒的帮衬，离了酒就少了情趣、缺了灵魂。

过酒坯同时也有精神层面的含义，这在作为历史文化名城的绍兴尤为突出。

公元前473年发生在越地的“投醪劳师”，是一曲激励的赞歌，催人热血沸腾，豪情而壮丽。越王勾践出师伐吴时，父老乡亲向他敬酒，他把酒倒在河的上游，与将士们一起迎流共饮，以酒激励将士，于是军民感奋，战气百倍，终于战胜吴国，一雪耻辱。

《嘉泰会稽志》云：“师行之日，有献壶浆，跪受之，覆流水上，士卒承流而饮之。人百其勇，一战而有吴国也。”这豪情和斗志，这精、气、神无疑成了世间无敌、最为亮丽的“过酒坯”。“投醪劳师”成为绍兴人团结奋进的标杆，其精神代代相传，成为发愤图强的绍兴精神，激励着绍兴人在现代化建设的征程中勇往直前。自称“臣是酒中仙”的李白，也与酒结下了不解之缘，酒与诗是他一生的最爱，有酒方能诗意大发，人间天上任遨游，在酒的滋润下，微醺而陶然，潜意识中的睿智奇思、精论灼见、真知挚情就会源源不断地涌现出来，斗酒诗百篇，无数的佳作名诗勃发而出，这诗篇就是李白最鲜美的“过酒坯”，佳句浸润着酒香达到酒诗合一的境界。

书圣王羲之同样趁着酒兴至微醺之中，心旷神怡，一气呵就《兰亭集序》，书法遒劲健美，矫若惊龙，酒香伴随着墨香，成就了前无古人后无来者的旷世绝作，让后世仰望。《兰亭集序》，既是天人合一的酒之产物，更是特定氛围所酿成的“过酒坯”。

百岁光阴半归酒的陆游，酒与诗也成了他不可分离的有机体。晚年居住三山，对故乡的山水特别钟情，常行走于山村，泛舟鉴湖，以酒相伴。“船头一束书，船后一壶酒。”悠然自得泛舟鉴湖，闲情逸趣，陶醉其间，风物长宜，诗意浓烈，鉴湖成了他放飞心灵的乐园。“千金无须买画图，听我长歌歌鉴湖”。这美好的湖光山色融入酒中，便成了陆游笔下唯美的“过酒坯”。

绍兴酒与过酒坯和谐互融，积淀成一种“和”文化，以和为美，以和为贵。绍兴酒的精髓就是一个“和”字，丰富的物质、复杂的成分形成一个和谐的综合体，具体表现在甜、酸、苦、辛、鲜、涩六味自然融合，造就了丰满的酒体，柔和温润，馥郁芳香，令人叹为观止。这“六味”中，如稍有偏重某一味，则或辛辣粗糙，或淡而无味，会留给人们美中不足之憾。

酒与菜结合，酒菜和唱，更是“和”文化的典范。酒是液体，而过酒坯大都是少汤水的，以干菜肴为主，干湿互补，口味滋润。如“炒货”在民间就是一味很好的过酒坯。饮膳调和，增香益味，酒可养生，过量又会伤身，美酒配佳肴不仅美味，更在于合理饮膳，利于养生。缓饮慢酌、细嚼慢咽能减少酒精对胃、肝等的刺激，中和了酒精对人体的影响，减缓胃对酒精的吸收，不易喝醉。另据科学分析，细嚼慢咽可以产生大量唾液，而唾液中富含的15种特殊酶，能有效降解食物中的致癌物质。同时，经缓慢咀嚼后的食物对胃的刺激比较缓和，有利于降低餐后血糖，并利于酒中营养物的吸收，更有利于绍酒营养价值的提升，品位的提高。酒逢佳肴千杯少，酒有了菜的辅佐，如鱼得水，增情添彩。

过酒坯，千姿百味，已然成为越地的一种风情，演绎着绍兴的民风食俗，凝聚着绍兴人的民族智慧，成了绍兴饮食文化的基本缩影。过酒坯发展至今有了巨大变化，在传承的基础上不断创新，绍兴菜的

十大特色风味菜肴便是过酒坯的集大成者，活色生香。漫步在绍兴的大街小巷，酒香菜香随风扑鼻，温馨而馋人。品绍兴酒、尝绍兴菜，已成为各方来绍宾客的共识和乐事。同时，作为越菜传承基地的百年老店咸亨酒店，客如云来，高朋满座，觥筹交错，佳肴生辉，书写着美酒佳肴的传承和精彩，体现着绍兴饮食文化的博大精深。

过酒坯，别样情缘，阅尽人间的繁华与凋落；和着酒，细细地咀嚼岁月的春夏秋冬。

酒香杂谈

绍兴黄酒驰名中外，享有“国粹”之尊，色如琥珀，味胜琼浆玉液，纯厚醇香，既养生又保健。在黄酒诸多优秀品质中，最让人迷恋的应是它的香气！闻之，不饮已醉；品之，那酽酽的香味令人难以置信，又让人难以抗拒。难怪，古人会留下“知味停车，闻香下马”的佳句。闻香买醉，感叹人生几何。

“梅花香自苦寒来”，绍兴黄酒独一无二的品质，正是得益于绍兴得天独厚的自然环境，以及上千年来所形成的精湛的传统酿酒工艺。由于酿酒工艺较为复杂，把握稍有不慎，就会失败。因此，历年来，在绍兴民间，无论百姓人家，还是大小酒坊，都有祭拜“酒神”的传统，奉上五牲四果，三茶六酒，以及香烛，敬仰酒神，祈求平平安安，顺顺利利，酿出上好的老酒。

酿酒讲究天地人合一，“天”是绍兴非常适宜酿酒有益菌种繁育的自然和地理环境，“地”是指水质独特的悠悠鉴湖水，“人”就是一代一代孜孜不倦探索与尝试的酿酒师傅。一坛好酒凝结着天地之精气，酿酒发酵之神奇，酿酒师傅之心智。酿酒，原料糯米需经过筛选、浸米、蒸饭、摊冷，然后落作（加麦曲、淋饭、鉴湖水）、主发酵、开耙，再者灌坛后酵、榨酒、澄清、勾兑、煎酒、灌坛陈酿（3年

以上）等一系列酿造工序。

酿酒的时间也极为讲究，一般在农历七月份制酒药，九月份制麦曲，十月份制淋饭（酒酿），大雪前后正式酿酒，到次年立春结束，发酵期长达80多天，繁复的工序，充满着酿酒人的辛劳与智慧，真是坛坛皆辛苦、滴滴皆心血，酒香实属不易。

黄酒，简而言之是以谷物为原料经发酵酿制而成，酒香源于原料麦曲，由生产工艺酿造中的生化作用及贮存中的化学反应而产生。香是酒的神韵，是评判酒优劣的第一指标，也是吸引人的第一印象。最能引起人们喝酒的欲望，使人闻香动欲。好酒才有酒香飘，一个香字十分了得，非常形象而又传神地把绍兴老酒的内核与精髓浓缩得一览无余。绍兴酒的名气是无须赘述的，这酒香倒是需要晒一晒的，酒的香气其实是考量酒的品质优劣的重要指标，这酒香犹如人之精气。

喝酒的人最忌讳老酒出气，酒气一出就酒味全无，喝酒的兴致大打折扣，口味刁钻的"酒仙"是宁可忍耐着无酒的煎熬，也不愿喝开启后剩余的老酒，喝上酒香扑鼻的老酒那才过瘾，令人心满意足的。记得小时候，大人让小孩去打酒，必会嘱咐："要问清是否是开坛的老酒，还要将酒先闻一下。"以判明酒之质量。买酒要的是开坛老酒，因为刚开坛的老酒酒气不失，香气尽在其中。而卖家也会用"开坛的老酒"来招揽生意。酒香如秤，测定酒品，此举，在绍兴民间成了妇孺皆知的鉴别酒品质优劣的基本"法则"。

在民间还流传着一些"酒仙"的趣事，绍兴的酒仙如同打虎的好汉武松一样，"三碗不过冈"，闻到酒香，据说是连肚皮里的蛔虫也会蠕动起来，垂涎欲滴，酒香引发了喝酒的欲望，酒仙们常自嘲，走到酒店附近，闻到酒香，就会心猿意马般走不动路了，非得喝上一碗，过过瘾头，才会舒心踏实，心旷神怡，真是挡不住的诱惑。酒香在人们的心目中已烙上深深的印记，这也说明酒香是那么可贵和神奇，使人产生如此强大的依赖和眷恋。

绍兴黄酒

老酒的香气令人愉悦，使人向往，也被一些富有创造力的人所利用。在烹饪的应用中老酒屡建奇功，创造出许多令人称奇的美味佳肴。绍兴人则是“近水楼台先得月”，将酒的香气应用到了菜肴之中，成就了以“糟鸡”“醉虾”等为代表的越菜糟醉风味，丰富了绍兴人餐桌上的内容，更让来绍的宾客吃得不亦乐乎，绍兴酒、绍兴菜，香气浓郁醉人心，让人吃了难忘。苏东坡谙识老酒的妙处，对烹调也有着精到的理解，他把酒与菜有机地融合起来，把酒香的运用发挥到极致。相传，宋元祐年间，苏东坡第二次到杭州任职，发动民众疏浚西湖，在大功告成时，他将百姓赠送的绍兴黄酒和猪肉命厨师一起烧煮，以酒代水，慢着火，烹制成佳肴给民工们品尝。这酒香与肉香的有机融合产生了前所未有的口味，让品者无不称赞，这就是浙江名菜“东坡肉”的由来。绍兴酒成全了东坡肉，使其脍炙人口，至今“不老”。

“佛跳墙”乃福建之名肴，实为中国菜肴中以酒增香的典范之作。

“佛跳墙”所用原料有鱼翅、刺参、鱼唇、鱼肚、鲍鱼、鸽蛋、鸡鸭、蹄筋等，可谓名品荟萃，将此等原料经祛腥祛臊加工处理后，装入酒坛，加入调料和汤水，密封坛口，置木炭炉上细煨3个小时，方得美味，滋味沁人心脾，香气耐久，口感绵长，启坛满堂生香，令人陶醉，“坛启荤香飘四邻，佛闻弃禅跳墙来”。

值得一提的是，此菜在调料中绍兴酒的用量需2500克，如此大量的绍兴黄酒的应用，在一般的单个菜肴制作中是少见的，可见绍兴黄酒在此菜肴中起到主调味品的作用，以酒促和，“润物细无声”，和合生香，形成“佛跳墙”的终极口味。“佛跳墙”是酒与菜的对话，酒给予菜关怀。有了酒的辅佐、相融，菜肴就生动起来，精彩起来，酒香伴随着菜香，让美味恩赐芸芸众生。

酒是活态的，在贮藏的过程中仍呼吸、活跃着，发生着变化，使其日渐成熟、丰满，黄酒越陈越香，酒香不怕巷子深，酒香就是吸引力，酒香就是无形的最诱人的广告词。陈酒的价值在于香，在绍兴民间会喝酒的都喜欢陈酒，陈酒的香是优雅绵长的，让人陶醉的。绍兴民间素有贮藏老酒之习，家里来了至亲好友才会喜滋滋地打开陈酒，对酒把盏，叙旧言欢，酒香弥漫，不醉不归，此情此景十分和谐，构成一幅酒乡特有的令人羡慕的画面。埋藏了十八年的女儿红，经十八年的陈藏，酒体更加丰满、芳香、醉人。十八年的埋藏就为这一天，女儿红是珍贵的，喜气的，是吉祥的象征，酒香的化身。

晋代上虞人稽含在《南方草木状》载：“女儿酒为旧时富家生女、嫁女必备物。”相传绍兴有个裁缝，久婚不孕，一天，发现妻子怀孕了，十分高兴，兴冲冲地赶回家去，酿了几坛酒，准备得子时款待亲朋好友。不料，生了个女儿。裁缝很不高兴，就将准备庆祝的几坛酒埋在后院桂花树底下。光阴似箭，女儿长大成人，嫁给了裁缝最得意的徒弟，成亲之日摆酒请客，裁缝喝酒喝得很高兴，忽然想起了十几年前埋在桂花树底下的几坛酒，便挖出来请客。结果，一打开酒坛，香气扑鼻，色浓味醇，极为好喝。于是，大家就把这种酒称为“女儿红”，又称“女儿酒”。此后，隔壁邻居，远近的人家生了女儿时，就酿酒埋藏，嫁女时则掘酒请客。

此后千百年间，古绍兴一带逐渐形成“生女必酿女儿酒，嫁女必饮女儿红”的习俗。女儿红酒诱人的馥郁芳香，随着时间的推移而更为醇香浓烈，这就是陈酒的魅力，酒之活态、生命之花的芬芳，迷人而生动。“女儿红”这个响亮的名字随着岁月的变迁而家喻户晓，香飘四方。

名士饮酒，诗文唱和。发生于东晋穆帝永和九年（公元353年）在绍兴兰亭的“曲水流觞”盛事，飘着酒香定格为永恒的旷古风流。酒香刺激着雅士的兴致，活跃着他们的艺术细胞，调动着他们的创作灵感，42位名士饮酒作诗，挥毫成轴，如椽之笔饱蘸着酒香书写着自己的得意，心中的遐想，这前无古人后无来者的绝世佳作《兰亭集序》就诞生在这样飘散着酒香的氛围之中，如神来之笔，伴随着酒香从笔尖流淌出来，书就了书法绝唱，让后世仰望。墨香伴随着酒香，彰显着绍兴黄酒的神力和作用，《兰亭集序》其实就是书法与酒的对歌，互相辉映，成为酒文化的典范，天下瑰宝，流芳百世，成为不朽巨作。

“船头一卷书，船后一壶酒”。常泛舟鉴湖的南宋诗人陆游，是一位绍兴黄酒的知音，与酒有着天生的不解之缘。

六十年间写诗万首的他，其诗中随时舞动着醇厚的酒香，“莫笑农家腊酒浑，丰年留客足鸡豚”“醉面贪承夕露，钓竿喜近秋风”“还家痛饮洗尘土，醉帖淋漓寄豪举”。诗酒相伴，酒是诗的沃土，是诗人的创作之源，有了酒的滋润，诗就像有源之水汩汩而来，勃发而出。借酒抒情，以酒铭志，酒诗和合。在放翁的笔下，酒成了熔炼诗作的炉火，把诗锻造得如此丰富而深邃，雅乐而完美，这恐怕是古往今来众多诗人中为数不多的。

小店名气大，老酒醉人多的咸亨酒店，高朋满座，浓浓的酒香弥

漫其中，许多宾客为酒而来，有的小酌雅饮，有的开怀豪饮，以酒会友，酒成了友谊的载体，在品酒中缩短距离，更能得到人与人之间心灵的交流。人逢咸亨千杯少，酒成了思绪之源，迸发激情，给人以无限的空间。

2010年10月4日，中法艺术家一行40余人来到咸亨酒店风味餐厅就餐，一进入酒店众人就被浓浓的酒香所吸引，直呼绍兴老酒OK、OK！置身于“不醉无归”的浓郁酒香氛围中的中法艺术家们兴高采烈，不亦乐乎。酒香引发了食欲，艺术家们拿着蓝边小汤碗，喝着绍兴老酒，吃着地道的绍兴菜，真是一种莫大的享受。绍酒绵长、醇香的口感比起洋酒来，更充满乐趣，更富有情调，更能使人敞开胸怀，释放情感，尽心品饮。酒酣耳热，海阔天空，酒后激发创作之情，艺术家们纷纷挥毫，吟诗作画，如行云流水，佳作信手拈来，酒竟是如此神奇，让人情不自禁！酒香致远，此中雅事佳话不胜枚举，仅举此例，试作管中窥豹。

酒香是神奇的、迷人的、令人愉悦的。它是酒中各料互相融合的综合体，是酒品质最璀璨的闪亮点，最具吸引力，最有诱惑，始品清而不薄，越品越醇，越品越香，让人欲罢不能。绍兴黄酒国色天香，历经岁月，弥足珍贵，并具厚积薄发之功，这是一种坚韧，一种迸发，一如酿酒的绍兴人，于纯朴中蕴含着智慧，于平静如水的外表下饱含奔放奋进的锐气。

鉴湖酿造名扬四海，绍兴老酒香飘五洲。醉美绍兴，酒香绍兴，愿绍兴酒随岁月的沉淀，酿得更醇，走得更远，飘得更香！

年味酒韵

一年四季奔波在外，临到年关，回家过年的思绪日渐浓重。期盼归家的人们从城市的各个角落会聚到车站、码头，一年的劳碌奔波，在归家的这一刻，皆化作了迫切归家的情绪。尽管等待的疲惫挂在脸上，但却被即将回家与亲人团聚的喜悦化作释然和无尽的眷恋，人们脸上不时地显露出舒展的笑容。于是浩浩荡荡的返乡大军会聚成了最具有中国特色的“春运”，给节日增添了浓浓的年味。俗话说“亲不亲家乡人，美不美家乡酒”，回家过年成了多少年来人们一成不变的“乡规民约”，这是人们内心深处对乡愁的祈盼，是亲情心心相印的一种召唤。

“过年须在家乡才有味道。”梁实秋先生在《新春记忆》里，道出了世界华人“团团圆圆”过大年根深蒂固的理念，也说出了人们为何总要回家过年的缘由。这“味道”并非仅指食品之类的东西，而是涵盖故土人情、民风习俗及过年各项活动的氛围等内容。这味道发酵着思乡的情愫，催促着游子回家的脚步。

过年真是忙碌并开心着，它没有亏欠人们的企盼。为迎新年，做新衣、掸尘、裹粽子、舂年糕、酿新酒、请菩萨、备年货、祭祖宗、请门神、挂春联、放炮仗等，家家户户忙得不亦乐乎。

“二十夜，连夜夜，点起红灯做绣鞋，绣鞋做好拜爷爷。”绍兴旧俗，到了农历十二月二十以后，妈妈就接连开夜车，为孩子们做新衣新鞋，过年的气氛就这样弥漫开来。

掸尘，可称得上“文明卫生日”。一大早，家家都忙着屋里屋外、房顶地下地打扫，把家里擦洗得光光亮亮，也会狠心丢弃一些坛罐杂物，还将平日舍不得拿出来用的餐具洗得干干净净，过大年迎新春。掸尘累了一家人聚在一起，做些好菜，喝点老酒，既增口福又解乏养生，掸尘，掸出一个好心情，掸出一家人浓浓的亲情和暖暖的爱意。

到了腊月二十左右，绍兴的农村到处是舂年糕的场景，其中的乐趣洋溢在人们的脸上。这舂年糕是一个力气活，很费劲，需身强力壮者才能胜任，俗语所谓“黄胖舂年糕，出力勿讨好”（黄胖：肝炎病人乏力），意为舂年糕必须下大力气，否则舂不到底，即使舂到底，木杵被糕粘住将很难拔出，要三人轮换，每臼非百杵不可。年糕舂累了提神解乏唯有老酒，善饮者一般往往是一边舂年糕一边喝点酒，这年糕借着酒力舂得特别有劲，特别绵糯白净。

舂年糕是过年时很有意思的事，大人忙孩子乐，孩子们也有得玩有得吃。刚舂好的年糕，孩子们会掐下一些拿在手中，折揉成他们喜欢的各种形状，相互间玩耍比试。热气腾腾的年糕坯，如果此时掐取一团，裹上白糖、芝麻屑吃，叫“糕折团”，香甜滑糯，风味极佳，是孩子们的至爱。一些技术好的大师傅还会做出栩栩如生、很有意趣的生肖象形年糕，更是一派喜气。祝福请菩萨用的年糕，则更为上乘，有一品当朝字样的当家糕，印成如意形的如意年糕，鸡、鹅、猪头、鱼、羊等糕塑的祭祀素牲年糕，还有桃形的年糕作为庆寿的礼品等。

“穷的穷过年，富的富过年。”购置年货是一件大事，也构成了年底特有的商业场景，催生了年终供应市场的旺季。平日里省吃俭用的持家人此时会特别大方，只要买到了称心如意的年货，虽然花些钱也毫不心痛，图的是团聚时的丰富热闹，一个个满载而归，脸上洋溢着满足的笑容。年货中老酒是必不可少的，若需储存大坛老酒，还要在酒坛上贴上写于红纸的“福”字，喜气洋洋，呈现着十足的年味。

请灶师菩萨除了平日的应时应节之外，到了十二月廿三夜，家家户户是必需送灶师菩萨上天的，放上素食水果，酒也是少不了的，素食清酒，让灶师菩萨上天后向玉帝汇报时多美言几句，保佑来年一家平安，财运亨通。

一直以来，中国式的年味，因伴随着酒香的醇厚而更加浓郁。若没有酒，真是少了气氛，因此节日里茅台、五粮液、汾酒、洋河等在各大商场超市争奇斗艳。而绍兴民间习俗，特别是农村，过年自酿新酒是万万不可少的。家境富裕、善饮酒的待糯稻收割后，就开始酿新酒了，此时酿酒一般采用“大做”，将糯米用清水浸涨，沥去水，上笼将米蒸熟，待至米饭温暾时拌入酒药，放入缸中，加入清水，至一月后即可。而一般人家则在十二月十五左右开始酿酒，用“小做”之法：先将糯米用清水浸涨，沥去水，上笼将米蒸熟，待至米饭温暾时拌入酒药，放入缸中，中间需留一个圆圆的“窝”，便于存储酒酿汁，然后保温。加盖，任其发酵至三四天后，开耙放入，继续发酵，过十来天后待酒缸中飘出醇香酒气，味呈甘鲜时，新酒就算是酿造成功了。

节俭的绍兴人一般舍不得喝新酒，但在年夜饭上则必定要喝，犒劳一年来的辛苦。新酒重在用于招待正月里来家的客人，那时“慷慨解囊”，定要让客人吃饱喝足，不醉不归。淘尽新酒余下的酒渣，农村中常叫酒糟板，是舍不得废弃的，它不失为一款美味。可以做点心，加点糖和糯米粉搨成酒浆板，是正月里人人爱吃的小点心，甘鲜暖胃。不胜酒力的小孩吃了酒浆板，两颊泛红，甚是可爱，有些小孩会嗜睡，静静地进入梦乡。而会喝酒的大人更觉提神醒脑，舒筋活

血。酒糟板传统的吃法是，加上鸡蛋、小圆子或水果之类的吃食，可做出不少酒糟板的新品来，绍兴人应是口福不浅的。酒糟板还可用作烹制菜肴的调料，特别是用作烧鱼的调料，香醇而入味，或用来糟醉鸡鸭，糟香入味，甘鲜味美。酒糟板在烹饪中的应用也是不拘一格的。除此之外，还可将酒糟板用来制作白酒，绍兴人叫烧酒。

祝福，其实就是请大菩萨，是年内的一件极其重要的事，家家户户都十分看重，庄严肃穆，禁忌很多。祝福要挑黄道吉日，在正厅、堂前里举行，放上八仙桌，摆上祭品，祭品叫“福礼”。“福礼”多数是要煮熟的，只有鱼需要活的。一般的人家用“三牲福礼”，即猪肉一方（农村喜用猪头）、鱼一条、鹅一只。讲究一点的则加上鸡和牛肉或羊肉，就叫“五牲福礼”。最讲究的还有外加熊掌和羊肉的，叫“七牲福礼”。在肉、鸡、鹅之类的祭品上，要插上一些筷子，数目成单，以七、九为宜。插上十根那是万万使不得的，据说是因为物满则仄，福神以为你家已满心好意了，就不会再赐福给你，而且弄不好还会降灾惹祸。此外，还要放上粽子、年糕等。祝福中还有一项重要的祭品，那就是“三茶六酒”，即为三盅干茶叶，六盅老酒，老酒需用陈年的好酒，才表示祝福者的虔诚，醇香无比的美酒，为祝福增色添彩，也会使大菩萨感到心满意足。

祝福为的是祈求来年好运，让人们平安生活。祝福后还要邀请左邻右舍，至亲好友来家喝舍福酒，吃舍福糕。舍福糕大都用水磨年糕、黄芽菜和鸡汁汤做成，就着老酒吃得十分落胃，并取有“吃了舍福糕，来年节节高”的美意。

“三十日夜的吃，正月初一的穿。”到了年三十，谢过天地祖先的鸡鸭鱼肉就开始由家人烹饪了，美食美味精彩呈现的时候到了，也是人们期待享用美食美味的大好时光。锅碗瓢盆协奏曲也就从早到晚响成一片。这年夜饭定是用心之作，主妇们会亮出她们的拿手绝活，用上十八般武艺，待到各家各户烟气蒸腾、香味四溢之时，丰盛的年夜

祭品

饭就拉开了序幕，老酒以非我莫属之态登场，一般喜饮自酿的新酒。新酒的甘鲜香美令人无法抗拒，不论会喝的不会喝的都要置上酒碗，不会喝的抿上一口，意思意思；会喝的则是开怀畅饮，不醉不归，这一餐哪怕喝再多酒，也没人会责怪，欢声高扬，酒韵氤氲，助兴添乐，真是“酒逢知己千杯少”，酒成了年夜饭的赐福之神。

年初二开始“做人客”，也就是到亲戚家去拜年。除了必要的礼节之外，拜年的重头戏就是享用美食美酒，在农村尤其如此。早酒、晏酒和夜酒，还要外加两头点心酒，食物是丰盛的，吃的是炸春卷、元宝鱼、韭芽炒年糕、麻团、红烧菜蕻、冬笋蒸腌菜、三鲜、肉丝小炒等应时的菜点，或鲞冻肉、虾油鸡、酱鸭、鱼干等年货中的鸡鸭鱼肉，菜肴的优劣，那是由家境量力而行的，但心意却一样的，满满的热情，诚心诚意。

喝的是老酒和自酿的新酒，酒满杯，情相亲，你敬我喝，推杯换盏。酒贯穿着整个拜年活动，成了情感交流、欢乐和谐的助兴者，拜

年餐桌上欢声笑语，构成了酒乡绍兴年节食俗的生动画面。

到了正月十五闹完了元宵，年味才渐渐淡去，但留给人们的酒香却绵延不断，酒之香已深深地融入人们的生活。出生满月酒，造屋上梁酒，出门送行酒，结婚吃喜酒，搬家乔迁酒，学生状元酒等，不胜枚举。酒酒酒，喝不完的绍兴酒，诉不尽的酒乡情。

过年是充满喜悦的，其乐融融，是人们一年中最幸福的日子，年味常使人回味与思恋，是人们心灵的慰藉，这是一种情感的寄托，寓示着人心向善求和，追求美好生活，并由此而演绎成了民族民俗文化，成为酒文化大千世界中的特色。

绍兴酒是绍兴人的最爱，也是绍兴人的骄傲。有酒的日子，生活有滋有味，美酒飘香，觥筹交错的团圆年，更是当今绍兴人幸福生活的完美诠释。

绍兴酒与糟醉风味

绍兴酒源于七千年前的河姆渡时期，越王出征，一条投醪河，全城飘酒香；曲水流觞，千古风雅；一坛女儿红，酝酿好姻缘；孔乙己一碗酒，唤醒清廷科举梦；新品太雕酒，甘醇馥郁兴隆百年老咸亨。

酒与百姓生活息息相关，以酒为礼、以酒为仪、以酒迎宾、以酒庆祝、以酒祈福、以酒表意、以酒抒情、以酒为奠，由此而演绎出诸多灿烂的文化。若从饮食这个角度来谈，酒与菜始终相依相伴相随。美酒佳肴，无酒难成席，无酒肴不香，进而成就了绍兴内涵深厚、风味迷人的饮食文化，在绍兴地方菜的特色风味中起着十分重要的作用，糟醉风味是绍兴菜十大风味体系中的著名风味之一，是绍兴菜与绍兴酒融为一体的经典，令人品而难忘。

一、与酒联姻成风味

绍兴民间素有以酒入肴之俗，绍兴人不但善于饮酒，而且善于用酒，在烧煮菜肴时往往喜欢用点老酒加以调味。久而久之，绍兴的老酒成了烹饪中必不可少的调味品，并被冠以料酒之名。糟醉风味是绍兴特有的酒菜结合的典范，相传2000多年前，越国先民就已用酒和糟调味了。

绍酒

陆游有诗云“醉死糟丘终不悔”。清《嘉庆山阴县志》载：“酒糟，诸物通其味即甘美。”糟醉风味之肴的形成在民间流传着这样一个故事：有一农家省吃俭用，过年时仅有的一点年货，也舍不得自己享用，资以待客，尽管冬日寒冷，但日子一长也要变味，如何保存成了农家的难题，思前想后试着将煮熟的鸡鸭等加盐腌，放入老酒坛中。不料，揭开坛后香气四溢，十分鲜美，客人食后赞叹不已，遂问其做法，由此推而广之。这虽只是无可证实的传说，但糟醉之法源于民间却是深信无疑的。在历史长河中千百万双巧手在千百万家灶台上，经常不断地、有意无意地、偶然必然地进行着革新创造，积淀成千姿百态的饮食习俗。有了得天独厚的绍兴黄酒，才有了应运而生的糟醉之肴，菜有酒香，酒随菜名，相得益彰，成了绍兴菜中的独特风味。

二、点石成金味中魂

糟醉风味是糟菜和醉菜的合称，依赖绍兴黄酒独有的天然风味，以酒增香、增鲜、增醇、益味、成熟。糟，制作黄酒后的副产品，具有香气浓郁、甘鲜醇厚、益味和雅的特点。糟类菜肴的制作有冷热之分，冷菜中又可分为糟腌和卤浸。糟腌又称干糟，即为将食品先用盐腌赋以基本味，再用酒糟加以糟制，达到咸鲜入味，糟香入味，糟鸡、糟鸭、糟肉、糟肚子均属此类。

绍兴名菜“糟鸡”为糟腌之经典。糟卤浸也叫湿糟，是先将酒糟调制成卤然后将食品放入卤中浸至入味，如糟毛豆、素鸡、黄鱼等。热肴糟菜技法众多，熘、炒、烹、烩、蒸、煮、烧无一不宜，尽显美味。熘，取汁糟熘，名菜有“糟熘虾仁”“糟熘鱼片”等。炒，用汁赋味，旺火急炒，“糟香虾仁”“糟香鸡丁”等便是此中的佳肴；“糟油青鱼划水”是用糟取味烧制的代表之作；“鱼脑烩豆腐”则是以糟而烩的菜中名品。醉，使用的是浸泡与醉焖之法，有生鲜之醉和熟食之醉。生鲜之醉即为生醉，以酒成熟，这个熟不是一般意义上的生与熟的概念，它是一种成熟的风味，风味之熟。一个“度”字最见精妙（就是醉得得时或为最佳食用期），不到“度”难成风味，还会

糟青鱼干

造成食物中毒；过“度”风味顿失，不仅肉质老、韧，咸、涩、苦、酸之味更是“应运而生”，使人“敬而远之”。到“度”的生鲜之醉，令人感到愉悦，妙不可言。

鲁迅先生在《马上支日记》《答有恒先生》中均对“醉虾”做了生动的描述：活活的喷着酒香的虾，品尝者是“虾越鲜活，吃的人便越高兴、越畅快”。生鲜之醉的名品有“醉麻蛤”“醉蟹”“醉虾仁”等。熟食之醉，即为熟醉，是食物经汆或煮，再加以料酒等调料组成的卤水焖醉而成。“醉腰花”“醉红菱”“醉鸡”等均属此列。酒与菜结合互融，有滋有味，精彩鲜活。

糟醉之肴的美味是由绍兴酒的品质所决定的，绍酒不仅在糟醉风味中起着去腥、解腻、增香的作用，还能增醇、益味、增鲜、杀菌、消毒、保质，分解和融化食物养料，优化食物的结构，有助于人体消化吸收，从烹饪科学和营养科学的意义上来讲，还具有成熟法、催化剂、营养培养基的功能。

成熟法：以酒的渗透功效，作用食物使其成熟。这个成“熟”如前所述不是一般意义上的生与熟的概念，它应是一种成熟的风味。如“醉麻蛤”经酒等调味品生醉后，麻蛤的血水不见了，壳也开了（壳开一线为最佳食用期），表明风味成熟了。料酒中乙醇是极性的有机物质，常温下能破坏蛋白质分子内的氢键及构成蛋白质空间结构的疏水键，使其肽链伸展，破坏了蛋白质特定的空间结构而引起蛋白质变性。糟醉风味就是运用了这一原理，酒既去掉了原料中生、涩等不良的滋味，增添浓郁的酒香，又保鲜、消毒、成熟。成熟之法在生醉中表现得更为淋漓尽致，以酒成肴，酒成风味，其菜品十分丰富。

催化剂：在化学上，是使化学反应加快的物质。绍酒在糟醉风味中也有相同的作用，能加速其风味的形成。如“醉蟹”经绍酒，温和绵长的溶解、渗透的功效，将其他调味品渗透到蟹的内部，在三天时间内使醉蟹成熟，使原来难以入味生硬的蟹壳和带有腥气的变成香气

醉蟹

醇厚、鲜美入味的"醉蟹"，同时酒的温补保健之功中和了蟹的寒性，而且主要成分为蛋白质的细菌，在乙醇的作用下也会因蛋白质凝固变性而失去活性，产生一定的杀菌防腐作用，延长醉蟹的保存期，利于食后无忧，进而使人体容易消化吸收，特具鲜美活络入味的风味。

营养培养基：是医学上的一个术语，是某一菌获得生命养料的物质。在糟醉风味的形成过程中，绍酒就是这样一个优化原料结构的培养基。绍酒具有较好的营养价值，其营养成分之一氨基酸的含量多达18种，在糟醉中氨基酸与盐结合生成氨基酸纳盐，使菜肴滋味更鲜美。如在糟鸡制作中，糟醉工艺是形成糟鸡风味的关键，需要讲究用料比例和醉糟时间。原料入坛需实而有隙，坛口密封，坛内流通。糟、盐、鸡融合，气味运转，滋味和合，香气四溢，妙不可言。在这里酒糟中的乙醇扮演着重要角色，其渗透作用既迅速渗透到原料细胞膜参与细胞内有机物质的变化，同时对调味品的渗透有引导作用，使鸡肉中的蛋白质等物得到融合，脂肪得到溶解发生酯化反应，促使蛋白质变性，从而达到糟香入味、咸鲜入味，这是一种和谐之美。绍酒是形成其风味的培养基，益味增香，产生了其所特有的醇香隽永的独特风味，酒是形成其风味的灵魂。

三、酒香四溢广承传

糟醉风味凭借着深厚的底蕴、独特的风味，受到中外宾客的青睐，已广为流传，成为绍兴菜中的一大名品，也成了致力于弘扬绍兴饮食文化的咸亨酒店的当家名菜，在咸亨可以品尝到制法各异、滋味各绝的糟醉系列菜肴。大厨们一显身手，继承传统精华，努力创新，一大批“青出于蓝而胜于蓝”的新品菜肴不断出炉，“酒酿蒸鱼鲜”“酒香鱼翅四宝”“醉虾菇”“酒焖海参”“酒焖仔排”等，备受赞誉。原商业部部长胡平来绍兴视察就餐时，对糟醉菜肴赞美有加，欣然题词“味独特，老少咸宜”。原国务院办公厅罗长青同志也题词留言“咸亨美食精而香”。同时连锁经营，在全国开设分号，把糟醉佳肴推向大江南北，走向全国。美味总是令人神往的，糟醉风味之肴不但在绍兴广为流传，经久不衰，糟货醉肴作为餐饮特色之旗号，在其他城市也时见其影，常闻其香，诸如在上海、宁波、杭州、扬州等地，糟货醉肴成为名副其实的江南美食。笔者曾受香港夜上海酒店之邀赴港，在金钟、九龙两地举行了为期十五天的绍兴菜美食节活动，其间“糟鸡”之肴大受港人的钟爱。

糟醉之肴是深厚的历史积淀，淳朴的民风食俗，也是绍兴人的人文体现。它揭示了原料的本质特点，原料间的互补与合一，扬长避短，达到了和谐之美，菜肴因此而富有灵气，菜不醉人人自醉。

糟醉风味是绍兴黄酒与绍兴菜完美的组合，天成合一，是饮食文化的风采和经典绝唱，也是绍兴历史文化中的一颗璀璨明珠。

绍兴酒与民间佳肴

绍兴，滋润在酒香之中，一个酒字书写着古越千年的文明史。大禹的勤政之酒、勾践的发愤之酒、王羲之的风雅之酒、陆游与唐琬的爱情之酒等，无不流淌着一个个动人的故事。

然而，饮食文化之酒更与百姓生活息息相关。它不但使绍兴人有了“能喝善饮”的美誉，而且练就了绍兴人以酒调味烹制佳肴的独特本领，至于由此而引申出来的许多趣意横生以酒入肴的美谈佳话，就更使人品味无穷，深感绍兴饮食文化之博大精深。

以酒酥香霉豆腐　霉豆腐的产生，在绍兴民间流传着这样的故事，早在几百年前，有一家叫“谦泰”的酱园，宋氏老板，为人十分精明，他看到市面上豆腐很贵，常常自己做豆腐吃，一时吃不完，便藏起来过些天再吃。有一次时间长了，豆腐竟长了白毛，宋老板实在心痛，他眼睛近视，加上心里懊恼，一不小心，撞倒了一坛老酒。

这时，一个伙计正端着一匾长着白毛的豆腐来问他如何处理。正在懊伤之中的他，就命伙计将其倒进撞破的酒坛中，伙计怕豆腐发出臭气来，随手撒了一把盐进去。谁知过了几天，破酒坛里发出阵阵香气，原来长了白毛的豆腐变成了鲜美无比的“新豆腐”。这就是霉豆腐的雏形吧！真是“无心插柳柳成荫，得来全不费功夫”。霉豆腐由

民间佳肴

此“修炼成真”，演变成了绍兴名特土产，也成了餐桌上调节口味的宠儿。

酒香入味醉鸡美　醉鸡是绍兴的一款地方名菜，据说也是勤俭治家的产物。相传，有一农家，父母早亡，三个儿子，老大、老二娶的都是富家女，带来了满屋子的嫁妆，老三娶的媳妇，唯一的嫁妆是一双巧手。大媳妇、二媳妇都凭借着自己的嫁妆多，争着当家理财，三媳妇贤惠、能干，只是娘家贫穷，常被两个嫂子看不起，日子一长，妯娌间时常吵闹，使兄弟三人外出干活有了后顾之忧。

后来三兄弟商量决定，叫三个媳妇各做一道跟鸡有关的菜，但烹制时不允许用油和其他辅料，声明谁烹制得味道好，这个家就由谁来当。第一天，大媳妇烹制了一锅清汤鸡，三兄弟尝后，谁也没说什么；第二天，二媳妇烧了一只白斩鸡，众兄弟尝后，觉得淡而无味；第三天，三媳妇将一只大盖碗端上，碗盖一打开，顿觉酒香馥郁，一股诱人的香气四溢，三兄弟齐声喝彩：“好吃！”两个嫂子嘴馋，也跟着丈夫尝了尝，只觉酒香扑鼻，鸡肉又鲜又嫩，别有风味。询问原因，三媳妇笑答，只需将鸡煮熟，冷却后切成大块，用食盐擦匀，入味加入老酒密封，即可。于是大家众推三媳妇为当家人，从此家庭和睦兴旺，成为家和万事兴的美谈。

酒醉鸡腰润鲜嫩　鸡腰，得民间养鸡习俗之利。绍兴人对其非常熟识，一些老饕更是十分地爱吃。据绍兴史料《越游便览》记载：“越俗阉鸡取腰（即鸡肾），大者如楝果，小者如葡萄，烹而食之，味特鲜美，为绍兴肴馔中特有珍品。”

绍兴有一个习俗，年终“祝福”大典，要用“三牲”或“五牲”的福礼，其中阉鸡是万万不能少的。一般家庭，初春就饲养小鸡，长到半斤左右，雌雄已经分明，雌鸡留养成母鸡，生蛋繁殖，雄鸡则除留养一只配种用外，其他均要请“阉鸡师傅”动手术，取出鸡腰。阉过的鸡，民间称为“仙鸡”，有的人家则要将其养至一斤开外之后才阉，民间叫“大阉”，阉出的鸡腰就比较大。阉出的鸡腰均归阉鸡师傅所有，手艺高强的阉鸡师傅一天可阉鸡百只，鸡腰就相当可观了，这些鸡腰卖给酒楼、菜馆，成为菜馆中的紧俏货，特色佳肴，最有名的首推“醉鸡腰”。

民间佳肴

制作“醉鸡腰”，绍酒的作用则功不可没，鸡腰的鲜嫩和制后的醇香，源于绍酒恰到好处的用量，点石成金般的效用，如《调鼎集》所述：（鸡肾）入陈糟缸，一日即香。其精髓一脉相承（相似）。鸡腰的鲜美是无与伦比的，以至于在老一辈的厨界流传着这样的逸事，信佛吃素的老太喜欢吃搨豆腐，但豆腐毕竟是软嫩有余，鲜美不足，精到的厨师用“障眼之法”将鸡腰捣成糊状搨入豆腐之中，以增鲜味。老太们吃得不亦乐乎，但不知已背上了偷荤吃素的“罪名”。

以酒成熟醉蟹鲜　绍兴人吃蟹有着独到之处，以老酒作为调味主品，又做成熟风味的催化剂，成就醉蟹的美味，这就是老酒酿成醉蟹风味的神来之笔。醉蟹是百姓餐桌上的宠儿，每当进入蟹季，便纷纷制作醉蟹，自醉自食，以解吃醉蟹之馋。醉蟹，作为民间佳肴纯属偶然，其“专利权”当属绍兴师爷。

相传，清朝年间，淮河两岸蟹多为患，当地百姓却不知食用，庄稼遭害，驱赶无方，十分惊恐。师爷便向州官提议，鼓励百姓捕捉，上交官府，他则备好了许多大缸、食盐和老酒，将蟹腌制起来，然后，运到江浙各地去销售，这就是绍兴名品“醉蟹”的原型。师爷妙计保平安，醉蟹成就双丰收。

以酒调味醉虾鲜　绍兴人吃虾特讲究鲜活，在夏日常以绍酒等调味品拌活虾而食，现拌现吃，是夏日饮食的一道风景。旧时绍兴人多为临河而居，每到夏季之时，卖鱼虾之船便穿梭于河中不断，鱼虾的叫卖声此起彼伏，临河而居的百姓常闻声而购，浇上老酒等调料，活蹦乱跳的河虾立马成了餐桌上的美味，这是“醉虾”的母本。醉虾，源于民间的饮食之习，逐渐演变成了一款名气十足的绍兴地方风味菜。醉虾不仅口味鲜美，还能使人吃得开心、吃出情趣。

鲁迅先生在《马上支日记》和《答有恒先生》中均提到“醉虾”，说一盘醉虾放在酒席上“活活的”，“虾越鲜活，吃的人便越高兴、越畅快”。醉虾的美味离不开绍酒的辅佐，以酒成熟、以酒杀

太雕酒

菌、以酒赋味、以酒成风味。由醉虾发展衍生出了“醉虾仁”，风味尤佳，从鲜活的公虾中挤出虾仁，浇上醉料，现挤现醉现吃，是一款久负盛名的绍兴传统名肴。

酒焖鲫鱼呈酥香 “葱焖鲫鱼”也是不得不提的以酒成肴的佳品，春暖花开，万物复苏。此时小鲫鱼便成了河鲜中的新宠，是百姓菜篮子中的常客，但其刺多且又细小，常使人“望鱼兴叹”。

聪明的绍兴人在吃鱼的实践中创造出了“葱焖鲫鱼”的做法，利用老酒中乙醇的作用通过加热使细硬的鱼刺变得酥软，易于食用消化。做法极为简单：将掐好的小鲫鱼（去掉小鲫鱼的鳃及肚中内脏，民间叫“掐鲫鱼”），一层葱一层鲫鱼，置于砂锅内，加入酱油、食油，用绍酒代水，中火煮焖，至鱼骨酥烂为止。甘香鲜美，入味醇厚，充分显现了绍酒的功力，葱焖鲫鱼由此成了百姓餐桌上的常客。

酒浸枣子实好吃 酒浸枣子的美味在绍兴民间是无人不晓的，并视为强身补体之物。相传，有一秀才一心想博取功名，常挑灯夜战，不

料，身体日见消瘦，其妻看在眼里急在心里，又苦于无良策。酒壮力，枣开胃，两者合一，以酒浸枣岂不是更具滋补功效！其妻心里豁然一亮，于是用酒来浸枣子，秀才吃后，日渐见效。

岁月悠悠，酒浸枣子由此而成了民间的滋补美味。酒浸枣子的制作方法极为简便，只要选用优质的黑枣（红枣），经洗净日晒，去掉水分，放入容器，加入加饭酒和冰糖，足月后即可食用。制作虽说简单，但关键在于枣子与酒的互相充分地融合，在于它的滋补之效。

以上所述民间以酒入肴事例，虽极普通，我们却可以从中窥见绍兴民间丰厚的饮食文化。以酒入肴是绍兴人熟知绍酒秉性且运用精到的一种调和之法，也是生活的积习所就，看似简单，其实蕴含着丰富的哲理和深邃的智慧，闪烁着的是民间食俗的迷人风采。

茴香豆与绍兴酒

会稽山鉴水风情万种，名城绍兴处处飘香。这里有小桥流水的迷人景色，更有绍兴美食的诱人之香，只要稍加留意，随时随地都能发现其精彩。漫步在大街小巷，置身于此氛围之中，让人欲罢不能，令人沉醉。江南美食源于绍兴，这美食之香令人神往。一碟茴香豆，一碗绍兴酒，买醉品味，酒香、豆香氤氲缭绕，沁人心脾，这是绍兴独有的文化，特有的风情，深植民间，传承不息。

茴香豆、绍兴酒都是绍兴的名品，品质为绍兴所独有，历史悠久，源于民间。关于“茴香豆”，曹聚仁先生在《绍兴酒》一文中是这样描述的：“茴香豆是用蚕豆即乡下所谓罗汉豆所熬，只是干煮加香料，大茴香或桂皮。”

茴香豆是一种闲食，在绍兴极为普通，不少家庭会自制，常嘴不离豆，用来下酒，是“酒仙”们的最爱。近几年来，随着绍兴全城旅游业的兴起，茴香豆更是名声大震，不仅是下酒佳配，还多了礼品的意思。一些外地游客到了绍兴总是要买些茴香豆，带回家送给亲朋好友，以示自己已到绍兴一游，领略过绍兴的风土人情。而绍兴酒更是名扬四海，风采迷人，中外宾客无不为其魅力所倾倒，酒不醉人人自醉，这酒这豆温馨醉人，成了绍兴名优特产的重要名片。

“茴香豆”的制作十分简便，以罗汉豆中的名品——晒干后的小青豆为原料，经清水浸泡回“鲜”，加入茴香等料入锅细煮而成，清香绵韧，甘鲜味美。绍兴民谣“桂皮煮的茴香豆，谦裕、同兴（两个酱园）好酱油，曹娥运来芽青豆，东关雇来好煮手，嚼嚼韧久久，吃到嘴里糯柔柔”，十分形象地道出了茴香豆的基本特点和人们对其的喜爱程度。

罗汉豆是绍兴一带民间特有的称呼，其学名叫蚕豆，而绍兴人称为罗汉豆是取其形而名之，剥开豆壳，去皮的豆肉极像一个端坐着的大肚罗汉，一副笑眯眯的模样，称其为罗汉豆名副其实。

罗汉豆在绍兴民间极富人脉，是绍兴一大农业经济作物，也是世界上最古老的农作物之一，又是新兴起来的世界性主栽作物。青幽幽，绿茵茵，透着露水的清香，带着田野的风味，展露季节的风采。每每农历立夏一至，便欣欣然地“飞入寻常百姓家”。罗汉豆的吃法多种多样，有“清火甲豆”、上坟必用的盐水“芽豆”、油炸的“兰花豆”，形如兰花，豆板粥、豆板糕这些都是民间百姓的经典吃法。在宾馆饭店中罗汉豆的吃法就更上“档次”了，火腿豆仁、翡翠海鲜羹、三鲜翡翠羹、太极豆泥等。这罗汉豆在绍兴酿成了风情，鲁迅笔下时常提及，成了客居异地的鲁迅思乡的蛊惑，并在小说中时有描写，在《社戏》中双喜、桂生偷豆的情景，《祝福》中阿毛剥豆的情节，《风波》中六斤吃豆的情形，都给读者留下了深刻的印象。作家戈宝权曾说过一席意味深长的话，说因鲁迅的作品使他对绍兴怀有深厚的感情。在春暖花开的季节，他曾访问了鲁迅的外婆家安桥头，看着那花开得正旺的罗汉豆，不免伫立遐想。“油菜开花黄如金，罗汉豆花黑良心……”这几句民谣使他感受到那普通的罗汉豆中富有的诗情画意，以至于一提起罗汉豆，就会想到绍兴的山光水色，两岸的青山，遍地的豆麦，河中的乌篷船。罗汉豆，竟成了这位作家心目中绍兴风物的标志。

罗汉豆不管何种吃法，名堂如何，最有特色、最具美味、最为经典、最受欢迎的应数茴香豆。茴香豆的香味充溢在鲁迅的笔下、孔乙己的长衫间，“每每排出四文大钱，要一碟茴香豆”，就着一大碗醇厚的绍兴酒，“慢慢地坐着喝”，隽永而芳香，还端出一副上等人的架势，令那些同处咸亨酒店喝酒解乏的引浆贩卒者侧面。在绍兴喝老酒必得备一碟茴香豆，那种耐嚼的滋味与同样需要慢慢品味的老酒叫人享受不尽，这茴香豆的滋味离不开绍兴黄酒的帮衬，离了酒就少了情趣、缺了灵魂，这豆这酒相伴相随，是那么自然，那么融洽，真可谓天造地设。

绍兴酒与茴香豆

绍兴黄酒底蕴深厚，风骚雅致。“曲水流觞”的故事千古传颂，成为文人墨客酒中的经典。杯中之物，不离不弃，风流韵事，传说佳话，俯拾皆是。“雪夜访戴”，相传王羲之第五子王徽之弃官东归，隐退山阴。一日夜里大雪，他睡醒过来，命家人开门取酒时，忽想起当世名贤好友戴逵。于是王徽之即兴乘小船往百里以外的剡县拜访戴逵。到了戴逵家门口，他却突然停住，折身返回。有人问他，你辛辛

苦苦远道来访，为什么到了门前，不进而返呢？王徽之说：“人本乘酒兴而来的，现在酒兴尽了，何必一定要见到戴逵呢。”

夏丏尊、刘董宇、朱自清、朱光泉等文人也都与绍兴酒有着不解之缘，他们继承了酒聚的习惯，成立起“开明酒会”。据说，入会者必须具有一次能喝下5斤绍兴加饭酒的酒量。丰子恺1948年去台湾办个人画展时，作家谢冰莹劝他在台湾定居，丰子恺说：“台湾是个美丽的宝岛，四季如春，人情味浓，只是缺少了一个条件，是我不能定居的主要原因。”谢冰莹问他什么条件，丰子恺笑着回答说：“没有绍兴老酒。”

近代著名教育家蔡元培先生是绍兴人，对绍兴酒偏爱有加，他每餐饭必喝酒，但很有节制，从不喝醉，后来虽在外地工作了数十年，始终保持着在家乡的生活习惯和爱好。

鲁迅先生的很多作品中，如《狂人日记》《阿Q正传》《祝福》《在酒楼上》等，也经常飘溢出绍兴老酒的醇香，细细品味，恍然让我们感受到那个年代特定的氛围。

茴香豆过酒是绍兴人在长期的饮食实践中所形成的，是饮食的经验积累，合理而科学，“茴香豆，韧久久。过老酒，乐悠悠。”鲁迅笔下的孔乙己算是深谙用茴香豆过酒之道和相应妙处之人，他从酒中来，又往酒中去，过酒始终离不开茴香豆，“对柜里说：‘温两碗酒，要一碟茴香豆’，便排出九文大钱。”时至今日，粉板上还留着“孔乙己还欠十九个钱”呢！豆和老酒都是营养丰富的食品，从搭配上说豆是干的酒是湿的，可以互补，达到“和而不同”，从营养功效来看，罗汉豆具有降糖、降脂的作用，大豆中含有一种抑制胰酶的物质，对糖尿病有治疗作用，而糖尿病患者由于酒中含有糖分，只能望酒兴叹，特别是一些老酒的“粉丝”更是无比遗憾，豆中的降糖物质恰可降低饮者对糖分的吸收。

因此，用茴香豆配酒喝，那是糖尿病患者的福音。还有豆苗用于醒酒有着极妙的作用，《食物本草》谓“酒不醒，蚕豆苗油盐熟，煮汤灌之”。现代药理报告，豆皮炒焦用为茶剂，有促进消化、健胃、止渴之效，而酒喝多后往往会口渴，用茴香豆有着止渴的效果，配着喝酒，可缓解口渴之患。同时茴香豆配着老酒喝，可以改善豆的口味，祛豆腥味，使茴香豆更增美味，罗汉豆在消化吸收过程中会产生过多的气体造成胀肚，而绍兴酒有收敛胀气的作用，那茴香豆配着老酒喝，可以消除豆的胀气，让人舒服受用和乐胃，茴香豆与老酒的组合，犹如天作之合，美哉。

“茴香豆”和绍兴老酒是大众之物，极其平常，虽其貌不扬，但有着共同的秉性和人文特点，就是平中见奇，食之有味，回味悠长。绍兴老酒中的“后反唐”与茴香豆的个性十分相似，天缘人合。茴香豆初食不觉得十分可口，但越吃越觉有味，于平淡朴实之中显现其精深奇妙之处。而绍兴老酒平和醇厚，入口不烈，温和适口，不识其酒性的人难免会“上当受骗”，会被其绵长的后劲弄得晕哉眩哉，留下深刻的记忆。茴香豆和绍兴老酒“貌不惊人”，看似平淡，在平淡中凸显内秀，凸显其本质和内涵，极像绍兴人外圆内方、灵秀巧慧和朴实无华的性格特征。

茴香豆现已成了名城绍兴窗口单位咸亨酒店的看家名品，因鲁迅名著《孔乙己》而声名远播，南来北往的四海宾客来绍兴时，必到咸亨买醉，一碗绍兴老酒一碟茴香豆，邀朋叙旧畅饮、独自悠悠品饮、小酌慢饮，抿一口酒，撮一些豆，俗语说“生活有对手，吃酒要咕口”，这酒这豆珠联璧合，真乃神来之物，令人向往，使人着迷，悠闲自在，相映成趣，悠哉，乐哉，回味无穷。体验着鲁迅笔下当年孔乙己的风情，回味绍兴的风土人情，“多乎哉？不多也”，伴随着浓浓的酒香演绎成古城绍兴一道亮丽的独有风景。辛未十月七日，王心刚、祝希娟、汪洋、梁信等十多位全国电影艺术家来绍兴参加谢晋电

影回顾展，相聚于咸亨酒店，觥筹交错，茴香豆、绍兴老酒用得不亦乐乎，自称孔乙己同乡的谢导更是豪情满怀，把盏畅饮，以豆就酒，和而风雅。

茴香豆和绍兴酒不但是国人的最爱，也很受国际友人的青睐。在酒楼饭店时常能看到他们用绍兴老酒就着茴香豆的情景，有的还一手端着酒碗一手撮着茴香豆让人拍照留影，留下美好的回忆。英国的饮食文化研究专家扶霞女士来绍，在咸亨酒店品尝了茴香豆和绍兴老酒，连说“wonderful，wonderful”！这就是美食，这就是绍兴！茴香豆过酒成了她的心爱美食。茴香豆和绍兴老酒璀璨醉人，演绎成一种绍兴饮食文化的经典与风情。吃茴香豆，喝绍兴老酒，品的是历史，忆的是风情。

茴香豆源于平常，并非名贵之物，但随着岁月的风雨和沉积，茴香豆已超越其本身的价值，不再是一颗平常的罗汉豆，被誉为文化豆。绍兴老酒也是如此，十分平民化。曾有人开玩笑说，普通绍兴老酒的价格比矿泉水还要便宜。它们都受到百姓的喜爱，价廉物美，给人以“日久见人心”的厚实，都有着很深的文化内涵，经历了历史的洗礼，厚积薄发，融进了人心。

人们喜爱茴香豆和绍兴老酒，不仅因其美味可口，别具风味，也不仅因其有着灵性，成就了风情，铸就了品牌，更是由于它一如世人眼里的古城绍兴，平实、儒雅却韵味悠长。

第三辑

厨者心语

读书是厨师的必修课，是突破瓶颈的独门秘诀，必须扎扎实实地武装好头脑，应无一事而不学，无一时而不学，无一处而不学，这样才能书香致远，成为一名合格的厨师。

书香致远

人是要有点书香的，这不但能使人获得知识，开阔视野，而且还能使人气度非凡，光彩溢人。书是知识的源泉，读书是获得知识的重要途径。

书香能净化灵魂，安抚躁动不安的心，这正契合了厨师工作的要求。人要有一颗安宁沉静的心，才能安静思考、潜心钻研、有所创造，工匠精神也就有了落地生根的可能。读书可使人明理，犹如拨云见日，帮人解决迷惘与困惑。读书还可以提升气质，增加自信，塑造形象。人常说“腹有诗书气自华”，读书可以改变人的气质，甚至改变一个人的骨相——曾国藩就是典型代表。诗书读多了，容颜自然改变，许多时候，自己以为许多看过的书籍早已成为过眼云烟，没有留下记忆，其实它们已经沉淀在你的气质里，融化在你的谈吐上，当然也会显露在你的生活和工作中。

厨师这个职业，更需饱读诗书才能胜任。也许，很多人不以为然。说白了，厨师这个工作就是使食材生变熟，大变小，丑变美。一日三餐家家在做，也几乎人人都会做。但其实不然，这其中蕴含着令人意想不到的知识。有位中央领导同志曾将烹饪这一工作评价为“烹

饪是科学、是文化、是艺术”。的确如此，烹饪这个行业充满知识和创造，不但要求厨师掌握本行业的专业知识，还要求厨师有跨学科的知识储备，最好能达到“上知天文，下知地理”。烹饪行业是最富有文化知识的行业之一，厨师是最需要具备知识的职业之一，然而令人遗憾的是：目前从事这个职业的人却是最缺乏知识的。这需要我们下力气扭转这个局面，弥补这个遗憾！

厨师所需要的知识乃是无处不在、无事不存的，千丝万缕，点点滴滴，缠绕其中。就连厨师的基本功杀、洗、剖，也需懂得一点原料的知识，有植物的、动物的。简单地杀条鱼，厨师若不晓得其苦胆生长的部位，极有可能将苦胆弄破，造成鱼的报废；厨师还需明白鸡鸭鱼肉的骨骼生长和肌肉走向的知识。冷菜中的十景拼盘等，想要拼摆得平整均匀，每一刀面线线精准，还需要掌握数学中几何图形的知识；要把菜肴烹制得有品质，有美感，需有必要的物理和化学知识做铺垫，才能弄清菜肴在烹制过程中的精妙变化，掌握其规律。如拔丝、挂霜的菜肴，需要掌握白糖焦化的最佳时机，懂得美拉德反应的基本原理。配菜，即食材之间的搭配组合，则需要有饮食养生的相关知识，懂得食材的“四性五味”和相生相克，有食材知识作为基础，可以使配好的菜品和谐相处，使食材中的营养价值由于搭配合理而得到提升。

我们在制作高丽菜肴时需用蛋泡糊，在调制蛋泡糊时，首先要把蛋清抽打成泡沫状，抽打时须顺着一个方向抽打，这样液层产生的力比较集中，从而使液体向旋转中心紧缩，破坏卵黏蛋白质特定的空间结构，使肽链（蛋白质的基本结构链）伸展开。同时由于人工不断使蛋清旋转，将空气渗入蛋白质分子内部，肽链可以结合许多气体，导致蛋白质体积膨胀，即形成洁白的泡沫。如果不顺着一个方向胡乱地抽打，因力不集中，不能破坏卵黏蛋白质的空间结构，因而空气就不能渗入蛋白质分子内部，气泡就不易形成，甚至越抽打越散。明白这些原理，在操作中就不会产生偏差。熘鱼圆也是同理。知其然，更要知其所以然，这是突破技术瓶颈的关键点。做厨所涉及的相关知识实在太多，不胜枚举，仅述几例，希望年轻的厨师们以小见大，管中窥豹。

学习应从兴趣开始，进而养成习惯，习惯成自然，一旦养成了读书的习惯，就会让人沉浸在书香的滋味之中，一生受用。而读书的滋味，也是因人理解而异。宋代赵恒在《励学篇》中如是说："书中自有黄金屋，书中自有颜如玉，书中自有千钟粟"。有的说读书有"三味"："读书味如稻粱，读诗味如肴馔，读诸子百家味如醯醢。"这些书香之味明确地告诉我们，知识创造财富，知识改变命运，读书与我们工作、生活紧密相连，伴随着我们一生。也就是说，读书的意义在于把知识变成力量，变成价值，产出效益。这才是读书的魅力和最高境界。

"纸上得来终觉浅，绝知此事要躬行。"读书不能死读、空读，要做到学以致用，要把理论知识拿来指导实践，把自己的心得体会在实践中加以检验，然后把这些经检验的心得上升到理论层面，转变成理论成果。

读书的方法有：韩愈的"口咏其言，心惟其义"，苏轼的"熟读深思"，陆游的"口诵手抄"，梁启超的"鸟瞰""解剖""会通"三步读书法，还有冯友兰的"精其选""解其言""知其意""明其理"，我们要像鱼一样沉潜书海，体悟文字，采撷智慧精华。

被列为"唐宋八大家"之首的韩愈说过："书山有路勤为径，学海无涯苦作舟。"读书学习是一个人与生俱来、直到终老的一件事，如同一日三餐。"少年辛苦终身事，莫向光阴惰寸功。"勤奋养运气，一个人平时勤奋，善于做好准备工作，每当时机来临，自己便会

受益。李嘉诚在自传中说："如果你只站着不动，自然不会伤到你的脚趾，你走得越快，伤到脚趾的可能性越大，但是同样，你能达到某个机会的可能性也越大。"

文化的力量很大。它看不见，但是它无所不在；它摸不着，但是它无坚不摧，是厨师的软实力。思想的碰撞，理念的更新，技术的进步，产品的创造都需要知识的不断深化，书香的滋润。读书是厨师的必修课，是突破瓶颈的独门秘诀，必须扎扎实实地武装好头脑，应无一事而不学，无一时而不学，无一处而不学，这样才能书香致远，成为一名合格的厨师。

厨中哲学

我们的工作和生活中充满着哲学，厨师在烹制菜肴时更是如此。水与火是烹饪中不可或缺的两大基本要素，它们本是对立的东西，但在厨师的手中变得和谐起来，不再是“水熄火，火止水”那般不相容了。水与火既各自独立，又能够互补，火能升温，可将生食烧熟；水可润物，也可避免温度太高，导热太快而致食物烧焦。在水与火的相互配合下，平淡无奇的食材方可化身饕餮盛宴，饱胃肠，润五脏，悦身心。

简简单单的炒青菜，最能考量厨师对水与火的运用。不同厨师会呈现出不同的菜肴成品，有的将青菜炒得色泽碧绿，味道脆嫩，清鲜入味，卤汁恰到好处。而有的厨师则是将青菜炒得要么淡而无味，要么咸得发苦。青菜的质地表现出一个厨师对火与水的认识和理解，也能凸显出水与火两者对立统一的精妙之处，当然最为迷人的是把握好“水火不容”的秉性与内在规律而呈现的哲学魅力。我们在烧红烧肉的时候，那个红红的糖色就是糖焦化的结果。但这个加工过程中必须掌握好火候，火候没到糖还是糖，做出来的菜是甜的，不好吃；火候太大，糖就焦化变成炭了，就不能吃了。必须恰到好处，才能呈现出我们在烧红烧肉时加糖的意义，让白糖完成其应担当的使命。

鲁迅题字

食材也是如此，大自然恩赐给我们许多时令食材，这其实就是顺应自然规律与时间哲学的食材，是最鲜美、最有营养的，也是消费者最为推崇和需要的。在讲究阴阳互补的传统哲学里，食材总是与之和谐对应着。夏日炎炎，阳气充盈，但自然界给予了我们很多属寒凉的食材，如丝瓜、西瓜、葫芦、苦瓜、绿豆等。而在寒冷的冬季，自然界给了我们很多性温热的食材，如人参、阿胶、羊肉等。这就是一种自然界客观存在的造物哲学，是一种对立的统一和平衡，符合这一法则的物品就是美妙的。而作为厨师要去了解、熟悉，更要去发现时令食材，遵循自然规律，用好时间哲学，树立正确的用材理念，并顺势而为，把这些时令食材烹制成美味可口又富有营养的美食。

烹调最讲究的是一个“和”字。酸甜苦辣咸这些基本的味道，经组合搭配调和成为各种不同滋味的复合味，因而有了“五味调和百味香”，而“调和”是香之成因的关键，因此，我们在司厨调味中，应“以和为贵”，把握好味之间的用量配比，调和五味。如酸甜鲜醇的糖醋味，糖与醋的配比，基本调料为白糖、米醋，辅以精盐或酱油等，调制时以适量的咸味为基础，重用糖醋，突出酸甜味，这里最需把握好的是咸、甜、酸三味之间的配比关系。咸为底味，糖甜而不腻，醋增鲜和甜，酸而不涩，达到酸甜适口之需求。只有糖、醋、盐三者协调和谐了，才能调制出令人愉悦的滋味。食材有“四性五味”，这是中医学说，特别是寒凉温热这四性，如何根据食材之性，在菜点配伍中，使其寒热互补、温凉平衡，如何心怀中庸，搭配有度，这对我们烹制出美味的佳肴具有指导意义。厨师手中一把盐，咸味的精准把握乃为厨师最基本的调味之功。咸不到不鲜，咸过头则苦涩，鲜味全失，如何把握好咸就是鲜？把盐运用得恰到好处，关键在于一个“度”字。以咸成鲜，以咸促糟，以咸益霉，以咸贮物，咸味到位呈现的就是如此精彩。

制作霉千张、霉苋菜梗等霉鲜风味的菜肴也是这个道理，它看似简单，其实不然。发酵的把握是难点。发酵得时（到位），质地酥鲜，香气宜人，伴随着诱人的酒香味，色泽明快，别具风味。过时或不到时，不但毫无风味可言，误食还将对人体造成伤害，轻则肠胃不适，重则食物中毒。制作时融合哲学的理念是何等重要和迫切，不偏不倚，精准地把握住其发酵这个“度”。

刀功也是如此，丝、片、条、丁、粒，须厚薄均匀，大小一致，中规中矩，如此，我们方能在烹制时使菜肴成熟一致，有形有棱，美观美味。若能借助哲学的思想作为指导，在切食材时，心中要有哲学“度”之意念，把握尺度，整齐划一，将会事半功倍。

度是东西方哲学的精髓，是智慧之根，是品质修炼的方法、标准和境界。运用于烹饪，度既是菜品品质的标准和法则，也是厨师的修炼之法和需到达的境界。

厨房之地时时处处蕴含着哲学之味，厨师在烹饪时面临着种种哲学命题，需要我们学好哲学，感悟哲学，辩证地思考问题。哲学使我们解惑明理，烹饪有度，融汇运用，功到自然成。

依法做厨师

法律无处不在，无时不在。治国要依法，办事要依法，大小事情都要得“法”。制作美食的厨师也需要有强烈的法制观念。这是因为21世纪的餐饮业，无论是对企业还是个人，都充满竞争与挑战。消费者的自我保护意识日趋强烈，国家的法律法规日益完善，如若我们缺乏法律意识将处处被动，直至被淘汰出局。

依法做厨师，首先应树立法制观念，在思想上引起重视，提高自身的法律素养。有关饮食的法律不少，《中华人民共和国食品卫生法》已颁布多年，法律严禁食用受保护的野生动物，厨师有拒烹拒售野生动物的职责。另外，《中华人民共和国产品质量法》《中华人民共和国价格法》《中华人民共和国计量法》《中华人民共和国消费者权益保护法》等，厨师对这些法律法规只有熟记于心，才能得心应手，不折不扣地落实到工作中。试问不学习能行吗？学习是我们获取知识、树立观念的必由之路，是我们开启聪明才智的金钥匙。

依法做厨师，其次需要爱心，需要将爱贯穿整个烹饪活动。树立美味、卫生、安全、营养并按时令制作菜点的理念。有爱才有干劲，才能牢记法律，才能将消费者的身体健康挂心头，才能在烹饪前、烹

茅天尧（掌勺者）现场教学

饪中、烹饪后想到法律，把法律真正落实到烹饪的全过程。新加坡的一位资深烹饪专家有一句话叫“做厨如做医”，中国烹饪界也有句老话叫“厨师是孝子”，两者是同一道理，讲的其实就是将法律与爱心融汇在烹饪中。爱心是厨师的基本素养和品德，厨师的工作就是在创造美味的同时，创造健康，奉献爱心。

依法做厨师，最后需要规范操作，量化标准。中餐与西餐有着质的区别，往往由于厨师悟性与经验，存在许多瞬间即变的因素。尽管如此，在对食材的选定、投料的规格、工艺的流程、使用的烹调技法、火候的运用、菜点口味的确定等方面还是需要加以规范与量化的。如以传统名菜“干菜焖肉”来说，完全可以做到量化，投多少猪肋肉配多少干菜，加多少黄酒、酱油、白糖、味精、桂皮、茴香、葱段、姜块等，及至烧多长时间，蒸几个小时。标准量化了，操作规范了，菜点出品的质量就有了基本保证，厨师制作菜点就有“法”可依

了，这些规范与量化就是厨房管理之法。

依法做厨师，树立法律意识是现代厨师必须具备的基本素质，是企业提升竞争力，厨师提高自身价值的有力武器。如何强化厨师的法律意识，除了厨师的自身努力之外，还需营造学法懂法的氛围，让厨师潜移默化；花大气力加强培训，着力灌输，利用各种形式、不同方法，日积月累，滋润厨师心田。让厨师从入行的那天起，就与法同行，依法做厨师。

向技艺要效益

管理出效益，演绎的是一种科学有效管理的精彩。在市场经济日益成熟，竞争日趋激烈和规范，消费更趋理性的今天，科学管理、深化管理，以管理之优创出新亮点，既让利于客，又能使企业获得良好的经济效益，是当前新形势下的客观要求，是紧跟时代步伐的一个重要课题，也是我们做深做细做精管理的一大举措，在厨政管理日趋多元化的今天，探讨这一话题具有现实意义和指导作用。

管理涉及方方面面，范围广内容多，包罗万象，是诸多要素的联合体。这需要我们用心解密，锲而不舍，寻找突破口。在管理的实践中，笔者认为在管理出效益的诸多要素中，技艺要素是最基本的也是最重要的，是核心要素。向技艺要效益是最具潜力、最有可为的，是切实可行，行之有效的。

美国的希尔顿曾举过这样的例子："一块普通的钢板只值5美元，若将其制成马蹄掌，它的价值是10.5美元，如果做成钢针，就值3250.8美元，如果做成了手表的摆针，其价值就跃升到25万美元"。这就是技艺所产生的巨大效益。大连重工起重集团一名电气安装调试工人王亮，在技艺的钻研上坚持"没有路也要走出一条新路"的理念，为企业解决了无数棘手的技术难题。他与外国专家同台竞技，令傲气十足

的老外也为之折服，为企业创造的直接经济效益达1500多万元。这就是技术工人的魅力和技艺的价值。难怪起重集团董事长宋甲晶对王亮赞不绝口，他“干的是关系企业生死的活儿”，并言之“三个博士都不换”。由此可见，技艺是企业实现效益的源泉，技术工人是企业的无价之宝。

餐饮企业同样如此，需要忠诚于企业的技术工人，向技艺要效益的空间十分广阔，可谓是大有作为。向技艺要效益，途径很多，办法不少，关键在于我们要想方设法，因势利导，厚积薄发，持之以恒。

首先是实现原料的价值和使用空间最大化，正确合理用料。鱼是受人喜爱的大宗菜品，如果只是简单的清蒸、红烧，其中价值就只能停留在鱼的层面上。融进花刀、造型、设计等技艺，制作成“浪花鱼”“绣球鱼”“富贵鱼”“四海龙鱼”“鉴湖鱼味”等，其价值就有了质的提高。这是全鱼的做法，还可将鱼依据其部位分档制肴，制成“一鱼多吃”，鱼肉可切成丝、片、条、丁和剞上花刀成球状花形，烹调可炸、熘、爆、炒、烩等，鱼头可氽汤或炸熘或醋熘，制成形式各异口味不同的佳肴。河虾也可以一虾两吃，现挤的虾仁可用来醉、清炒、烩、糟熘成肴，“醉虾仁”是传统之肴，“糟香虾仁”则是肴中新品。虾壳可氽汤或加葱花、面粉等炸成“面拖虾”，成为食客下酒的最爱。萝卜根据其品质也可有不同的用途，表皮制作冷菜，爽脆味美，内层的肉可配以煎带鱼，扣干贝，滋味和谐，物尽其用。变化在心，这样的例子不胜枚举。

其次是将下脚料转变为主料，注入技艺含量，变“废”为宝。肉皮是猪肉分档取料后的下脚料，一般多用作点心中的皮冻或家常小菜，也有的作为菜肴配料。如将其油发和水泡后，去净油腻，用细致的刀工处理，加以高汤等制成“赛燕窝”，配以虾仁等制成“虾仁皮肚”，其价值就能得到成倍提高。鳙鱼的皮是制作鱼圆后的下脚料，一般都成了废弃之物，我们可以将其去净鱼刺，切成条加上调料，炸

美味龙衣

烹成“美味龙衣”，也可做成鱼冻之类的冷菜。

最后是将普通原料做精做细，提高品质。以豆腐为例，如就事论事地将其做成豆腐羹、烧成家常豆腐之类，是难以提升品质、卖出一个好价钱的。若将豆腐切成细发丝，配以珧柱丝等，加以高汤烩制成“银丝豆腐”，豆腐的品质得到极大的提升，价格也随之水涨船高。同理，将豆腐搅成泥与鲜美的蟹粉一起做成“蟹粉豆腐丸子”，其身价就不言而喻了。再如鳙鱼，为大众之物，普通易得，如果将其烧成鱼块或做成煎鱼，其价值普通平常，但是，当融进高超的技艺，将鱼分档成肴，情形就大不相同 。鱼肉可制成鱼茸、鱼线、鱼丝、鱼片、鱼珠、鱼球等，菜品多姿多彩，诸如“芙蓉鱼片”“霞露羹”“锦绣鱼丝”“鉴湖鱼球”“翡翠鱼珠”“三色鱼线”等，既满足客人的不同需求，又扩大了企业的利润空间。可谓“戏法人人会变，各有巧妙不同”，这巧妙之法需利于价值的提升和效益的创造。

革新工艺也将结出累累硕果，但需依托于技艺的进步，技艺是工

艺革新的基石。涨发鱼翅一直以来采用先冷水浸泡再上笼蒸发的工艺，涨发率不是很理想，在实践中总觉得还有提升空间。因此，我们从鱼翅原料的特性入手进行研究，鱼翅涨发的最终目标是使干鱼翅复制到新鲜时的状态，改革工艺，反复试制，在涨发中运用了“热胀冷缩”的原理，融合进“冰激”的工艺，使鱼翅在较高的温度下骤然降温收缩，然后，随着自然升温，使鱼翅渐行渐深涨发均匀、完全、透彻，鱼翅的涨发率比原来增加2倍以上，效益是显而易见的，令人欣喜。仅以鱼翅的涨发为例，一叶知秋。

行文至此，意犹未尽。还有一种“听似无声胜有声”的技艺效益，切勿忽视，那就是依法做厨。

精湛的技艺能为企业带来巨大的效益，反之由于技艺的欠缺也会使企业蒙受不必要的损失，在餐饮行业中较为常见的一个现象就是投诉。细分引起客人投诉的原因，不少是业务不熟、技艺不精所致。诸如，口味不佳、鱼蒸得不到位、活鱼蒸成死鱼，服务人员对菜品知识的不熟、语言表达不准等，在餐厅日常经营中常有发生。鱼蒸得过火或火候不到，鲜活之鱼客人投诉其为死鱼，有欺客之嫌；给客人点菜，如点菜员对菜品不熟，没有为客人做好参谋，所点之肴口味相近，品种类同，定当引起客人的不满。酒店赔礼又赔钱，既影响了效益更损坏了酒店的形象，久而久之，危害不小，将使企业走入困境。

向技艺要效益，就得练好企业内部的技艺功，功到自然成。为此需要我们不断更新知识，创新思路，搞好激励，抓好培训，夯实基础。一是文化知识的学习，文化知识是一切技艺的基础，是开启思路、广阔视野的牵引器。二是岗位技能的培训，岗位练兵，全员做到干一行、懂一行、精一行。三是引领员工创新，革新技艺，善于海阔天空，不断创新。四是要勤于交流，走出去、引进来，掌握时代发展的趋势，懂得消费者的需求，熟知行业变化动态，眼观六路耳听八方，善于借鉴吸收，善学多思，“学而不思则罔，思而不学则殆”，取人之长武装自己，发展自己，丰富自己的个性和特色。五是人无我有，人有我优，人优我特，人特我新，在竞争中始终走在前列，这除了需要有善变的经营思路和策略外，更需有过硬的技艺做保证，要靠技艺的不断更新才能实现。六是爱才惜才，让技术人才有良好的生活空间和施展技能的理想平台，海阔凭鱼跃，天高任鸟飞，而不是受到“玻璃天花板”的限制。

技艺的精湛是永无止境的，向技艺要效益的空间同样也是无止境的，事在人为，关键在于我们对技艺的不断探索，创新，厚积薄发；在于融进科学，融会贯通。技艺源于熟能生巧，源于用心钻研，源于对岗位的热爱和敬业。技艺就是生产力，技艺就是效益。向技艺要效益是切实可行的，是企业在日益竞争激烈的市场经济条件下实现效益最大化的必由之路，“钱”途无量。

时代需要高素质厨师长

随着社会的发展，传统餐饮业犹如一轮朝阳充满生机。富含诸多科学文化知识，有着广阔外延和深厚内涵的厨房管理也不再是粗放、随意的作坊式管理。因此，严谨、规范、科学的厨房管理呼唤具有高素质的现代厨师长。

众所周知，在厨房管理中厨师长的责任至关重大。首先，能为酒店经营导航。一名合格的厨师长应能为决策者提供营销建议，并准确定位消费对象的层次。其次，厨师长要为酒店的经营提供可靠的技术保证，为稳定和扩大酒店所需客源不断推陈出新，从而提高酒店的经济效益，提高酒店的知名度和美誉度。同时，还要为酒店制定科学的生产流程，合理安排技术生产力量，以提高工作效率，节省人力资源，开源节流。此外，厨师长要为供应的菜点制定严格的质量标准，强化现场督导，组织员工不断创新菜点，以提高酒店的市场竞争力。为了实行有效的厨房管理，厨师长更要注意激发员工的工作热情，需具备娴熟的组织、协调能力。

厨师长除了有精湛的厨艺，还要有优秀的品质、务实的工作作风，不畏困难，勇于进取，不贪图名利，乐于奉献，兢兢业业，严于律己。这些都是厨师长应具备的基本素质和能力。但在目前的餐饮企

茅天尧（中）带领的厨师团队

业中，这样的厨师长并不多。因此，需从文化知识、管理能力、应变能力、创新意识等方面培养优秀的厨师长，才能与日新月异的餐饮市场相匹配。

时代迫切需要企业提高厨师长的综合能力，塑造大批高素质的新型厨师长。为此，应从以下几方面入手。

1. 加强引导，灌输意识。引导和灌输既要和风细雨、潜移默化，也要有暴风骤雨般的强化，不断地引入先进的、科学的、时尚的新思想、新观点、新方法。同时，激发厨师长认清形势，具备奋发向上的进取心；正确认识自我，善于自我反省，“知耻而后勇”；树立竞争意识、品牌意识、创新意识、质量意识、服务意识、忧患意识等；充分发挥厨师长的聪明才智和主观能动性，与时俱进地提高业务能力和管理水平；要重视发现和培养新人，形成梯队，使厨师长队伍后继有人。

2. 营造氛围，更新知识。创造一个善于学习、勤奋工作的企业氛

围，使厨师长从中得到熏陶、提升，努力学习，勤奋工作，不断更新知识；让自己具有前瞻性、预见性。新时代的厨师长应重在夯实基础、提升档次，尽可能地寻求各种学习和深造机会。在现有的条件下，多学习文化知识及各种专业知识，常进行多渠道、多种形式的交流与考察。

3. 放手使用，重在把关。决策者对厨师长要加强管理，建立考核制度和述职制度，但平时要考核与激励并存，给予责任和权力，使其大胆工作，创设一个宽松的工作环境，为厨师长提供锻炼和表现的机会。

正确认识烹饪中的生僻字

规范烹饪用语，特别是辨认相关的生僻字非常重要，它对从业人员准确地领悟烹饪的真谛，掌握烹饪技艺具有十分重要的意义。长期以来，厨师在烹饪中常存有对相关的生僻字读音不准、理解不透、用字不当的状况，影响正常的交流与学习，有时还会产生误导，闹成笑话，真是“失之毫厘，差之千里”。

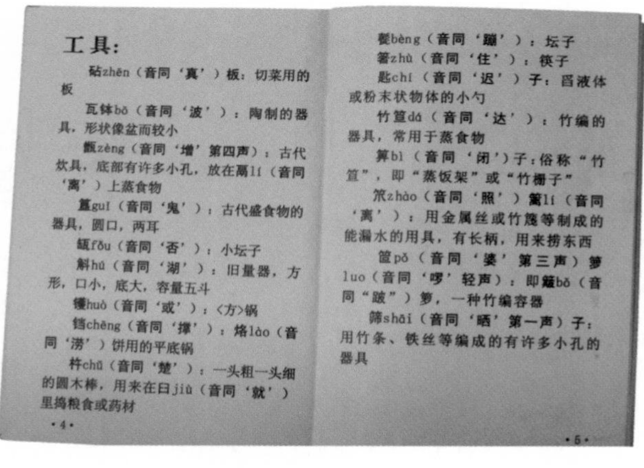

工具：

砧zhēn（音同‘真’）板：切菜用的板

瓦钵bō（音同‘波’）：陶制的器具，形状像盆而较小

甑zèng（音同‘增’第四声）：古代炊具，底部有许多小孔，放在鬲lì（音同‘离’）上蒸食物

簋guǐ（音同‘鬼’）：古代盛食物的器具，圆口，两耳

缶fǒu（音同‘否’）：小坛子

斛hú（音同‘湖’）：旧量器，方形，口小，底大，容量五斗

镬huò（音同‘或’）：〈方〉锅

铛chēng（音同‘撑’）：烙lào（音同‘涝’）饼用的平底锅

杵chǔ（音同‘楚’）：一头粗一头细的圆木棒，用来在臼jiù（音同‘就’）里捣粮食或药材

·4·

甏bèng（音同‘蹦’）：坛子

箸zhù（音同‘住’）：筷子

匙chí（音同‘迟’）子：舀液体或粉末状物体的小勺

竹笪dá（音同‘达’）：竹编的器具，常用于蒸食物

箅bì（音同‘闭’）子：俗称“竹笪”，即“蒸饭架”或“竹栅子”

笊zhào（音同‘照’）篱lí（音同‘离’）：用金属丝或竹篾等制成的能漏水的用具，有长柄，用来捞东西

笸pǒ（音同‘婆’第三声）箩luo（音同‘啰’轻声）：即簸bǒ（音同“跛”）箩，一种竹编容器

筛shāi（音同‘晒’第一声）子：用竹条、铁丝等编成的有许多小孔的器具

·5·

厨师该了解的生僻字

规范烹饪用语，读准、理解相关的生僻字，引起了烹饪行业和教育行业的重视。编写一本与烹饪相关的生僻字的指导性读物，已成为从业人员的共同心愿。欣悉浙江绍兴贸易经济学校丁菁、郑锋等老师不辞辛劳编写了这一简明读物，册子不厚，作用不小，这对规范读音、正确理解生僻字有着极大的帮助，对提高从业人员的文化素养有

着积极的促进作用。该册子是几位教师教学实践的结晶，令人敬佩。

烹饪是科学、是文化、是艺术。生僻字是烹饪文化中的一朵奇葩，这是烹饪与众不同的特点和出彩的地方，也是文化内涵深厚的标志之一，需要我们细细挖掘，深入研究。丁菁、郑锋等老师已率先进行了可贵的探索，有了良好的开端，作为一名烹饪的老工作者，我感到由衷地欣慰。

绍兴的绍虾球

绍兴传统名菜之一的“绍虾球”，色泽金黄，香脆鲜嫩，形似“衣”，又称“衣虾球”，到现在已有一百多年的历史了，深受食客欢迎。

绍虾球的主要原料是蛋（鸡蛋、鸭蛋均可）和鲜河虾仁。制作方法是：取蛋三只，打入碗中，加50克湿生粉，盐和味精适量，用筷子搅打透，再将75克浆虾仁放入蛋糊中，一起搅拌均匀。待锅内油温至七成热时，将虾仁蛋糊慢慢地淋入油锅内，边淋边用筷子在油锅中划动，至起丝后，随即用漏勺捞起，沥油，并用筷子拨松装盘，上面成塔尖形，最后在盘四周点缀上香菜叶即可食用。绍虾球的制作全过程，看起来不是很复杂，但要制作得合乎要求，却并非易事。现将绍虾球在制作过程中的几个关键要素分析如下。

一、湿生粉。在烹制绍虾球中，湿生粉起着松脆及成为蛋液而黏裹虾仁的作用。湿淀粉又包含着三个部分，即真淀液、淀粉糖和淀粉胶。正是这个淀粉胶的成分，发挥出了强大的黏性，淀粉胶的粘胶愈多，黏性就愈大，所以在烹制时，生粉投放过量，黏性相应增强，结果就导致结块，断丝而不成丝状；投放量过少，则黏性减弱，无法让

黏合剂液与虾仁有机结合成为一体，以及松脆与骨子的作用，因而与蛋液制作后，造成脱离。

二、油温。油在烹制绍虾球中，起着传热和调味的作用，油温高低对成品的质量是至关重要的。在烹制中，油温有三种情况：一是最佳油温，即这里所说的七成油温，这时将虾仁蛋糊徐徐淋入油锅，使油温保持在七成左右，才能使蛋白质在遇热后迅速凝固，分子间运动成丝状排列，蛋液起丝变松脆，而虾仁保持一定鲜嫩，因而成蓑衣形状；二是油温高于七成以上，原料下锅后，蛋白质立即凝固，分子间运动骤然加快，导致原料完全脱水，继而产生焦化，导致绍虾球色泽焦黄，而味变苦；三是油温低于七成以下，由于蛋白质受热不能迅速凝固，分子间运动速度缓慢，原料中固有的水分不易及时蒸发，因而导致坐油，使成品色淡，无松脆感，食之乏味。这是物理学中，物质遇热后，会加快其分子间运动的原理。

绍虾球

三、盐。盐放得要适量，绍虾球丝长而不易断，过多或过少都将使绍虾球丝短而易断。这是因为盐具有极大的渗透和凝固作用，所以在烹制时不能忽视用盐的适量性，切忌随意。

明白了在烹制绍虾球全过程中的一系列理化反应之原理后，我们就可在实践中反复体会和掌握这些主要因素，科学地运用理化反应的原理，从而达到投料准确，不失时机地掌握油温，得心应手地做好这一绍兴的传统名菜。

闲说绍虾球

绍虾球是旧时开设在绍兴城丁家弄福禄桥堍“大雅堂”菜馆的看家菜。鲁迅先生当年在绍兴大通学堂任教时，经常光顾此店，也很爱点食绍虾球。绍虾球源于民间的菜肴“虾肉打蛋”，而此菜作为大雅堂的招牌菜，虽颇受顾客喜爱，但再美味的菜吃多了也会乏味。于是店主就将虾肉打蛋由蒸改为炸，经过多次试做成功后，逐渐演变为绍兴的一道名菜。

绍虾球融合了绍兴的人文特性，表现出绍兴的乡土风情。它外表形似渔翁蓑衣，故又名“蓑衣虾球”，其色泽金黄如镜湖晚霞。制作“绍虾球”时将虾仁蛋糊徐徐地倒入热油中炸成丝状。蛋糊经油炸后，便形成了蓑衣般的细丝，内包裹着虾仁呈小球状，这既是其制作技术的难处，也是其特点所在。

绍虾球不但深受食客的喜爱，也深得同行的重视，不少人都对绍虾球的制作技艺有着浓厚的兴趣。在一些业务技术比赛和厨师等级考试中，许多厨师包括一些技艺高超的师傅，都对绍虾球望而生畏。

绍虾球的烹调方法当属炸的技法，若要再细分的话，它又属炸当中的哪个分支呢？依我个人的实践与体会，我以为可归属为“液体炸”或“水炸”，虽然目前烹饪界尚无此说，但是烹饪理论可以在实践的基础上进行归纳和总结。像粤菜的“炒鲜奶”，在当地的叫法为“水炒”，而绍虾球与其在原料的配方方面有些相似，都是以鸡蛋作为主料，配以虾仁，“炒鲜奶”则是以鸡蛋清、牛奶为主料。虽然这两个菜的主料都是液体，但是在烹调方法上却有所不同，一为热油炸，一为低油温养。我把绍虾球的烹调技法称为“水炸”，此说法既有客观存在的操作实践，又可在其他菜系的菜谱中找到相关的依据。当然，这只是笔者的一家之言。

茅天尧展示绍虾球

干菜焖肉制作的工艺流程及要点

干菜焖肉，以其色泽枣红，油润不腻，香酥绵糯，咸鲜甘美的风味特色成为绍兴传统历史文化名菜，亦成为酒楼饭店的招牌菜。然后，虽同为干菜焖肉，但其做法却各显神通，各有腔调，各标地道，成了绍兴餐饮的一大江湖。

干菜焖肉是老祖宗留给我们的一大财富，在百年的传承中披沙拣金，特别是从20世纪60年代以来，干菜焖肉的制作工艺已十分成熟，亦有了其相应的制作程序和要点，并随着时代的前行日趋完善。

这道菜必选芥菜干菜和带皮猪肋肉为原料。芥菜干菜，大叶芥和细叶芥均可，并需鉴别干菜的质量，老与嫩，鲜与咸，陈与新，色与香，特别是有无泥沙和杂质。猪肋肉应五花均匀、油脂适中、猪身大小适中，猪皮不要过厚。品质优良的干菜和猪肋肉是干菜焖肉品质好坏与否的先决条件。制作前应先将干菜蒸熟，如若味偏咸、酸可加糖，偏老可加些油脂，千万不可浸泡干菜。

刀工成型，切块时需先刮尽遗留的细猪毛及猪皮表面的杂质。将猪肉切成3厘米的小方块，芥菜干菜切成0.5厘米长。

制作干菜焖肉的调料是一些绍酒、酱油、八角、桂皮、白糖、味精之类常用的调味品。随着提升干菜焖肉品质的需要，经实践探索，

干菜肉所需材料

取消了味精，增加了葱花、姜块和红曲粉。红曲，是红曲霉的菌丝体寄生在粳米上而成的红曲米。其味甘、性微温，具有健脾消食、活血化瘀、降胆固醇、降血压、降血脂、抗氧化、增强免疫力等功效。红曲属医食同源的食材，天然酵素，在食品加工中起发酵、防腐、生香、染色等添加剂与佐料的作用。红曲于制作干菜焖肉具有助消化、祛油腻的效用，使用红曲可减少酱油的用量，达到返璞归真的效果，既能回归原料优质的本真原味，又能改善成品色泽，而且红曲性微温，猪肉性寒，两者可温寒互补，得到中和。

焖烧是制作的重要环节，包含焯水、清洗、焖烧、收汁、炒干菜的工序。焯水需宽汤沸水，一沸即可。清洗应去尽浮沫，确保猪肉的干净。焖烧，大火烧开，小火焖熟，水一次性加足，白糖待肉将熟后加入，以防其焦化、结底，焖烧至油出。在焖烧时需善于掌握猪肉的油脂情况，少者加油，肥者减油，并掌握好肉卤多寡。在猪肉焖烧和肉卤至恰到好处时，将猪肉盛起，投入干菜，迅速炒匀干菜，使干菜吸干肉卤，但不能产生焦味。

扣蒸：焖烧完成后，进入扣的环节，将肉皮朝下扣入碗底，排列整齐，再覆盖上干菜。扣好后即可用旺火沸水或蒸汽蒸，至干菜香气四溢，肉、菜充分互融，酥糯入味，即可出笼。在蒸时注意水蒸汽的控制，绝不能让水蒸汽渗入干菜肉中。

复扣与组合：蒸好后的干菜焖肉，干净利落地覆扣在盘中，再配上同时蒸熟的面点荷叶夹，组成色香味形俱佳，菜点合一的干菜焖肉佳肴，至此干菜焖肉的制作算是大功告成。

上述是制作干菜焖肉的工艺流程和基本要求，在制作的实践中还应加以不断总结，持之以恒，探究变化，掌握规律，完善工艺，弄清其制作关键点。

因此，要制作出高品质的干菜焖肉这道绍兴传统历史文化名菜，除了制作程序的精工简烹，还需掌握原料地道，火候到位，抱诚守正，这样才能功到自然成。火功的到位是制作好干菜焖肉的第一要务，有道是“一酥味甘香”。所谓抱诚守正，司厨者虔诚地对待原料，熟知原料的秉性，激活原料的优势，诚心做厨，用心操作好制作干菜焖肉的每一环节。正者，不臆想、不造作，了解干菜焖肉的来龙去脉，掌握其精髓，守正出新。此外，还需掌握好原料间与调味品的配比关系。一般情况下为：条肉15千克、芥菜干菜3千克、酱油250克、绍酒250克、红曲60克、桂皮、茴香20克、白糖800克、葱80克、姜块80克。

干菜焖肉做好后，总会留下些零星的余料，如何物尽其用，也是需引起厨者的重视。可将这些留下的零星余料经简单的加工制成干菜肉酱或馅心。干菜肉酱可用来蒸河海鲜、时令蔬菜、豆腐等，成菜极其鲜美入味。也可作为味碟，用于白灼、炸菜等的蘸料。馅心则可制作成干菜芋艿饼、土豆饼等，又可用于做羹菜，诸如烩豆腐、鱼片、肉皮、虾仁等。还可用于点心主食，干菜饼、南瓜饼、时蔬烙、干菜麦糊烧、炒饭等。简略举荐，全在于厨者的心思，只有想不到，没有做不到。

绍兴糟鸡的风味成因

糟鸡是绍兴民间的传统菜肴，用家鸡和酒糟等原料腌制醉糟而成。因其取料容易、制作方便、易于久存、香醇味鲜而为大众所喜爱。1991年在国内贸易部优质产品评选中，糟鸡以其肉质细嫩，骨质松脆，咸鲜入味，糟香醇厚，富有回味而一举夺魁，荣获“金鼎奖”。笔者结合自身工作实践，就糟鸡的制作要点不避浅陋，做如下探讨，旨在探究提高糟鸡风味的成功方法。

一、讲究选料

绍兴糟鸡的成名与其选料讲究有着不可低估的因素，糟鸡的选料首推越鸡，而越鸡在绍兴的饲养历史悠久。据史书记载，春秋战国时越国古都绍兴卧龙山一带饲养越鸡已成民风，经过几千年的汰选，越鸡逐渐形成了皮薄、肉嫩、骨松的特点，成为享誉全国的优良禽种，特别适宜制作高档菜肴。

根据越鸡的生长过程和肉质情况，当年鸡比多年鸡更鲜嫩，利于提高糟鸡的品质，但鸡过小过嫩，一经糟制水分渗出较严重，难以保持鲜嫩的本色；鸡过大又易肥易韧也不适宜。因此，需严格选用重量在2千克左右的当年鸡，并须经栈养使其肉质结实细嫩且脂肪的含量

糟鸡

适当增加。这样的鸡最为适宜，因此时老嫩适时，大小适中，最为得令，最具风味，并在糟醉时易入味、吸香。

其次是酒糟，绍兴老酒名扬四海，具有丰富的营养价值，郁香异常，味醇甘鲜，经科学分析含有17种氨基酸，易被人体消化吸收，并有提神、开胃、消除疲劳之功效。它的副产品酒糟具有相似的作用。而酒糟中的精品，当推香雪酒糟之隔年糟，因其香气浓郁，甘鲜醇厚，酒精度适中，品位在其他酒糟之上，为糟鸡风味的形成提供了坚实的基础。

二、控制温、湿度

作为传统佳肴，糟鸡是冬令初春的一款时令佳肴，原本只在冬季制作。一则绍酒以冬酿为主，酒糟也产于冬季；二则糟鸡风味的形成对温、湿度比较讲究。绍兴的冬季多无严寒，气温在0℃左右，湿度不燥不潮，这样的气候条件十分适宜制作糟鸡，有利于酒糟的香气和食盐的成分不急不缓地渗入鸡肉、鸡骨内部，为制作糟鸡提供了良好的自然环境。若气温偏高，湿度过大，则微生物生长快，活动频繁，酒糟和咸味还来不及渗入，鸡已有变质之虑；若气温过低，湿度偏燥，则微生物生长受抑，活动缓慢，乃至休眠，酒糟的香气和咸味便难以渗入，达不到成品的质量要求。绍兴得天独厚的自然条件，为糟鸡的风味形成提供了客观条件。随着厨房设备的精良科学，冷藏设备的应用，糟鸡的制作已不受季节的限制，但仍需有效的技术处理，控制好其温、湿度。实践经验表明，制作糟鸡的温度一般应控制在0℃左右，湿度适中为佳，不然风味将大为逊色。

三、讲究制作工艺

原料和温、湿度是糟鸡制作的基础。能否制作出风味纯正的绍兴糟鸡，制作工艺是重中之重。需要十分精准地做好以下几个环节。

1.初加工：讲究活鸡现宰，并须“二净二冷”，即血净、毛净，冷为煺毛时水温宜冷不宜热，剖杀后需漂冷鸡身。保证鸡身白净，生爽不熟。掌握好鸡的死僵、自熟、自溶、腐败的变化过程，不失时机地选择最佳时节将鸡进入白煮。

2.白煮：是把握鸡肉生熟度的关键，不熟不能食用，过熟又失风味。这里主要是控制好火候。鸡经焯水、洗净后，采用沸水下锅，旺火煮开，使鸡身表面迅速紧缩，蛋白质等营养物和呈鲜物在熟制的过程中不过多地溶解在汤中，保持鸡的鲜度。然后用小火养煮，使其成熟一致，保证鸡身的骨质和完整。煮后再以汤水浸冷，只有予以充分浸冷，才能使鸡身吸足水分，增加其鲜嫩度，保证鸡身的白嫩爽滑，达到色泽一致。但浸汤时间要适度，否则，在腌制时，鸡肉内的水分外泄过多，盐的用量难以确定。

3.腌制：腌制应在鸡身完全冷却后进行。腌制主要需把握盐的用量和腌制时间。盐的用量一般每500克鸡肉配15克盐为佳，盐用量多，会使肉质变老而发柴，过少则失去咸鲜入味的特色且易变质。鸡的用盐还须擦均擦透，不论鸡身部位的厚与薄，均需咸淡一致。腌制时间要

到位，一般夏天需腌4—5个小时，冬天10个小时，春秋7—8个小时，要使其味入骨。咸为百味之首，咸以入味，耐味增鲜，富有适度的刺激和回味，具有细腻风格和保存食物之优，更有保持原料营养之胜。从营养学角度看“咸”，盐能保存鸡肉中的大量蛋白质，使肌肉纤维更紧。糟鸡的腌制正是利用了“咸”的这一特性，咸鲜合一巧呈佳味，达到了既保存食品又形成新的风味的目的。

4.醉糟：是形成糟鸡风味的关键，需要讲究用料比例和醉糟时间。醉糟时先醉后糟，在鸡身上先喷洒上少许50度的绍兴糟烧酒（白酒），一般每500克鸡喷上7.5克绍兴糟烧为宜。多则味发刺、发苦，少又达不到增香的目的，喷酒时讲究雾状喷洒“全而匀”。糟时一层酒糟一层鸡放入坛内，需实而有隙，坛口密封，坛内流通。醉糟时间以7天为宜，此时正好糟、盐、鸡融合，气味运转，香气四溢，糟香入味，咸鲜入味，妙不可言。在这里酒糟中的乙醇扮演着重要角色，其渗透作用既使鸡肉中的蛋白质等物质得到融合，又溶解了鸡肉中的脂肪，促使蛋白质的凝固，从而达到糟香入味，这是一种和谐之美。

“糟鸡”的制作极为讲究，极具技艺性。依托绍兴酒乡的物产优势，良好的自然环境，融合制作技巧，使越鸡在原有品质的基础上创造出了一种新风味，融合之美，变革之优。“糟鸡”的制作是如此，其他菜肴的制作同样也是如此。

风味独特的绍兴鱼圆

江南美食，鱼圆为一绝。擅长制作鱼圆佳肴是浙菜的一大特色，湖州的“藏心鱼圆”，杭州的“斩鱼圆”，舟山的“双色鱼圆”，绍兴的清汤鱼圆等，各负盛名，各具千秋。笔者认为，绍兴的鱼圆最具特色，也最能体现鱼圆风味特色，因而，成了浙江菜系中的独特风味菜肴。这是在1988年编写的《中国名菜谱》（浙江风味）一书中得以认定的，这亦与绍兴菜擅长烹制河鲜的特点相吻合。

绍兴鱼圆以其洁白、滑嫩、清鲜、细腻、滚圆的品质特点和独特风味而脍炙人口，成为绍菜中的一道传统风味佳肴，及至中国名菜，深受人们的青睐，其独特的制作技艺值得我们好好研究。

一、制作技艺

“冰冻三尺，非一日之寒。”绍兴鱼圆的制作难度大、要求高，具有很强的技艺性，是在实践中不断完善而形成的，并积累成独特的技艺和一套严谨的工艺流程。“刮、漂、排、搨、梳、挤、养、氽”等八方面的工艺流程代表着鱼圆制作的基本核心。这些工艺十分讲究，需要环环紧扣，严格把关。

1.刮：刮是制作鱼圆的第一道工艺。首先要明了鱼身的肌肉纹理走

向，掌握好鱼身的三条隔合线，四条肌肉，即鱼身当中的两条肌肉纤维的纹路向着头部，边上两条向着尾部。操作时，需顺着肌肉纤维的纹路顺势而刮，刮时要求持刀平稳，运刀用力均称，刀与鱼身成45度角为佳，将鱼肉刮得均匀、干净、利索。

2.漂：漂是紧接刮后的一道工艺。将刮下的鱼肉放入清水中浸漂，旨在去血水，并使鱼肉自然地吸收部分水分，以利于在排斩时不会发生鱼肉粘刀的现象，同时还可增加鱼圆的亮度和白嫩度，但需掌握好浸漂的时间，时间短，起不到增白催嫩的作用，时间过长，鱼肉中的蛋白质流失在水中，影响鱼肉的黏性、鱼圆的弹性和出品率。

3.排：即排斩，使用双刀，用刀锋将鱼肉匀称地排斩，讲究既把鱼肉排细、排匀、排透，至鱼肉起黏性，细成鱼泥为止，又要保持鱼泥的清鲜、清洁，以防糊熟，影响鱼泥的涨发率。在排斩中，不提倡用刀背敲斩。

4.搨：是排斩的补充和完善。为使鱼泥更加细体进而提高鱼圆的

清汤鱼圆

品质，需将排斩后的鱼泥再细细地搨一遍。手法需柔中有刚，清爽利落，匀而不漏，既要增加鱼泥的细腻，又需保持其洁白的本色。

5.梳：是搨后的一道工艺，讲究顺着一个方向用劲地梳，直至鱼泥充满细泡，里外、上下、四周稠度一致，富有光泽成鱼茸，禁忌顺逆混梳。要掌握先加水后放盐的原则，在鱼泥与水充分融合后方可加盐。这是因为盐是一种强电解介质，具有较强的渗透力和凝固作用，与鱼泥中的蛋白质分子相遇会迅速凝固，使鱼泥与水得不到充分融合，导致吸水性差，涨发不完全，造成鱼圆表面粗糙，口感不活络而有渣之弊端。

6.挤：待鱼茸涨发充分后，把鱼茸挤成鱼圆放入清水中漂养。挤时要求成球状并大小均匀，光洁度高，不带“尾巴”不留“角”。增强鱼圆美的感染力，关键在于双手配合默契，熟能生巧，熟而生美。

7.养：把挤好的鱼圆放入清水漂养，一般漂养两小时左右。这样既使鱼圆变得结实，在汆时不易破碎，成型美观，又可弥补制作鱼圆时咸分过重的缺陷，使其泄出鱼圆中多余的咸分，但也需防止漂养时间过长，影响鱼圆的正常口味。

8.汆：是制作鱼圆的最后一道工艺。汆时既需旺火，又要调节好水温，使鱼茸中的蛋白质分子迅速凝固，形成网状结构而产生弹性，增加滑嫩。同时，又要注意处理好两个关键问题，即（1）汆时既要水沸，又要防止鱼圆在沸水中多汆，控制好加热时间。每次水沸后，立即加入冷水，不使鱼圆变老；（2）既要将鱼圆煮熟汆透，以防霉变，又要防止因加热过头，膨胀过大造成鱼圆破碎或冷却后体积缩小，使得鱼圆表面起皱起皮，里面起空，失去应有的弹性，影响滋味质感，失去风味。

以上八道工艺互相关联，互为影响，密不可分，必须保证每一道工艺的到位与正确。“疏一而漏万”，必将影响鱼圆的品质，失去其应有的风味。

二、选料严谨

制作鱼圆的原料很多，但制作绍兴鱼圆的选料却有其独特的要求，就是必须选用绍兴鉴湖水系所产的1.5—2.5千克重的鲢鱼。此鱼不但经济实惠，而且具有肉质细嫩、色泽白净、出肉率高、黏性强、吸水量大、弹性足的特点。鱼太大，则鱼肉油脂的含量多，肉质老，达不到鱼圆滑嫩的品质要求；鱼小利用率又低，腥味却重，也不经济。由此可见，正确的选料是保证鱼圆品质和风味的必要条件，“买办之功居四”万不可忽视其应有的地位。

三、讲究投料规格

制作鱼圆投料规格的准确性，关系到鱼圆制作的成败和风味的形成。绍兴鱼圆在投料上有其自己独特的要求与规范，首先，讲究鱼泥、清水和食盐的三者比例，一般情况下为1（鱼泥）：1.8（清水）：0.08（食盐），这一比例是在长期实践中总结出来的最佳配比，它达到了鱼泥吃水量的最佳饱和点，过度则难以成型，导致制作失败；反之则稠，成品表面不光洁，口感不滑嫩鲜美，不但影响品质，还造成浪费。当然配比也不可生搬硬套，还容易需根据鱼的质量和气温的变化而有所调整，应灵活运用。

其次，在投料上强调“三不放”，即不放淀粉、不放油脂、不放蛋清，这是形成绍兴鱼圆的风味关键所在。制作上的独到之处，也是区别于其他地方鱼圆显著的个性，因而在绍兴有“见真功夫，吃本味”之说。放淀粉，虽可增加鱼泥的黏性，让鱼圆不易破碎，但会使成品口感硬老，味不纯正，色泽呆板，亮度不足，达不到鱼圆滑嫩的风味要求，并有厨师鱼圆做不到家之嫌；放蛋清，虽可增加它的弹性和光洁度，但反映不出鱼肉本身固有的品质特点，从根本上来说加蛋清所赋予的弹性及光洁度与鱼肉本身所产生的弹性、光洁度是截然不同的，一个是内在品质的充分体现，一个是外加的牵附，加蛋清对提高鱼圆的质量不是可有可无，而是影响其本质的显现，从本质上说是一种浪费；加油脂，即熟猪油，对制作某些鱼茸菜肴来说有两大好处，即增加成品的滑嫩和鲜亮度，在温油锅中加热还可减少或减缓菜品的老黄，达到成品白嫩的要求。但若将其用来制作鱼圆，那情况就有所不同了，也就是说，在温油锅和水锅中鱼茸成熟的情况是不一样的。鱼茸中加入猪油，形成了乳化体系，而乳化体系具有不稳定性，时间一长，油和水就会自然分离，加之油与水的比重不同，水分就会受到重力的作用下沉，猪油上浮。为使鱼圆成品更加白嫩，汆时不易破碎，汆前需经一定时间的漂养，这漂养也会使鱼茸中的猪油从鱼圆中慢慢地游离出来，达不到增加鱼圆滑嫩和鲜亮度的效果，只能使汤面上飘荡着油珠，影响美观。“三不放”从根本上来说对提高鱼圆的品质无所帮助，在经济上也是得不偿失，重要的是反映不了厨师制作鱼圆的真实水平，吃不到鱼圆本身所有的品质和风味。因此，绍兴鱼圆在投料规格上注重“三不放”，在制作上强调反映真水平。

制作鱼圆成了绍兴厨师的一技之长，亦是考量厨艺水平高低的重要标准之一。认真总结其风味成因，明白其内在变化规律，对于我们提高鱼圆的制作水平，提升鱼圆的风味具有指导意义。同时随着时代的发展，在研究的基础上不断实践，赋予绍兴鱼圆新的生命力。

绍兴鱼圆根基深厚，历史悠久，之所以能成为浙菜中的独特风味，除了其独特的制作工艺，得天独厚的水乡优厚的河鲜资源，以及靠水吃水日积月累所形成的乡风食俗，更有其深厚的人文情怀。

相传，秦始皇喜食鱼肴，又怕鱼刺，命令御厨烹制无刺鱼肴，几位御厨制作均告失败，因此丢了性命。一日，轮至张姓御厨，自知性命难保，于悲愤之中，将鱼肉斩得粉碎，加以盐、水搅拌，汆制成汤，献于皇上，不料秦始皇尝后，龙颜大悦。绍兴鱼圆就这样于泄愤中诞生，从此流传于世。

美哉，绍兴鱼圆。

臭豆腐

臭豆腐，特别是油炸臭豆腐，受众面越来越广，名气日渐响亮。尤其是2005年，据新华社“新华国际”9月8日报道，美国知名美食杂志《美味》（*Saveur*）近日发布年度美食奖项名录，绍兴臭豆腐获评“最不寻常美味奖”。2016年11月，咸亨酒店油炸臭豆腐被中国旅游协会、中国旅游饭店协会评为首届中国旅游金牌小吃。臭豆腐更是因此名扬四方，需求量不断攀升。

盛名之下的绍兴臭豆腐，真是利好，经营油炸臭豆腐的摊点遍布大街小巷，街头空气中仿佛弥漫着阵阵油炸臭豆腐的香气，刺激着人们的食欲。绍兴臭豆腐与众不同，有着自己的独特配料与制作工艺。

绍兴的臭豆腐是由压板豆腐用霉苋菜梗等调制而成的卤，浸泡发酵而成。需经过选料、切块成型、浸泡发酵、阴凉和油炸或其他烹调方法等工艺。

选料：压板豆腐，要求豆腐细腻、渣少、含水量适中，豆腐渣多，发酵时豆腐均匀的气空形成不了，则难以完全发酵，质硬、空少，炸时达不到外脆里嫩适度的气孔的要求，口感差。霉苋菜梗卤需原汁纯正。

成型：将豆腐切成约2.5厘米的四方体。

臭豆腐

浸泡发酵：先调制好浸卤。用霉苋菜梗卤加盐奶（在牛奶里加入适量盐）调和好，放入切好的豆腐。在温度25℃下，一般浸泡6小时，浸至豆腐内外一致，谨防中间僵心。浸入味后将豆腐沥起。发酵时间的长短还与豆腐的老嫩有关，嫩表明含水量多，浸泡时间需短些，反之则长些。盐奶的作用既赋咸的基本味，又起催化剂的作用。

阴凉：将浸泡好的臭豆腐轻巧捞起放在竹簏中，至基本凉后去水分，但需保持适度的湿度，若太干，炸时难以起应有的小孔，太湿则会造成炸时豆腐间互相粘连，难以成型。

烹制：一般为油炸，炸时选择五成油温，分散下锅，起始不要急于去碰它，待外表面已基本结壳，才可用漏勺去抖动，保持其形状颗粒饱满，无碎屑、无粘连，完整与美观。上述是油炸臭豆腐规范的操作过程，也是保证臭豆腐品质和风味的基本点。

油炸臭豆腐外脆里嫩，色泽金黄，香气诱人，配以辣酱或甜面酱蘸着吃，味道更胜一筹。臭豆腐的风味形成，得益于霉苋菜梗卤和发

酵的功劳。豆腐中蛋白酶的霉菌将蛋白质分解成氨基酸，在这一过程中硫元素的氨基酸被彻底分解而释放出硫化氢（臭气），在炸制（成熟）的过程中臭豆腐中所含的硫化氢得到进一步的释放，随着热量一起被蒸发掉，因此有了“生臭熟香”的特质和人们所说的“闻着臭，吃起来香”。在这浸泡发酵过程中，豆腐的质量和是不是用霉苋菜梗卤以及霉苋菜梗卤的质量是极为关键性的指标，对形成臭豆腐的风味与品质起着决定性的作用。在配制浸泡臭豆腐的卤中，盐奶是不能忘记的，盐奶既赋咸味、增风味，又在发酵中起着催化的作用。

绍兴位于北亚热带南缘，盛行东亚季风，受冷暖气流交替影响，四季分明，冬夏长，春秋短。雨量充沛，日照丰富，湿润温和。气候、湿度都十分适宜臭豆腐发酵时微生物的生长，甚至绍兴的空气中都含有有利于臭豆腐发酵的微生物。绍兴臭豆腐发酵的这些菌体都是由空气和原料中的微生物接种而成的，这是一种自然发酵的形态。得天独厚的自然环境和气候给臭豆腐的制作带来十分有利的条件和优势，但若不用心制作，顺势而为，对温湿度和发酵时间把握不准，导致菌体不同，“失之毫厘，差之千里”，进而造成臭豆腐质量偏颇，风味受损。

发酵好的臭豆腐除了油炸以外，还有许多吃法。炒、煎、炖、烧等无所不可。加上盐、酱油和熟菜油蒸透，再浇以芝麻油，便是民间的经典做法，极为普遍，这样可以把臭豆腐的原味特质完整地呈现出来。在此基础上配以酱肉、咸肉等食材同蒸，又会获得另一种风味，其他诸如“三味香腐”“银芽尖椒炒香腐”“三虾煎香腐”“臭豆腐炖本鸡”等均是以臭豆腐为主料的佳肴。

油炸臭豆腐是霉鲜风味菜品中的主要代表，是绍兴人的大智慧于饮食活动中的真切反映，以及节俭民风的真实写照，是时间所赐予的美食，化腐朽为神奇，深厚而纯粹，深入人心。据《绍兴日报》记者许程丽报道，2012年9月第21届金鸡百花奖颁奖典礼，在绍兴市柯桥区体育馆举行，电影表演艺术家成龙在颁最佳男主角奖时说：“男人跟臭豆腐一样，闻起来臭，吃起来香。”国家一级演员刘小宝，在绍兴参加21届金鸡百花奖，也留下了一句话：“（绍兴）还有臭豆腐也很不错，让人怀念。”对臭豆腐的赞美之意溢于言表。还有美国知名美食杂志《美味》（*Saveur*）对绍兴臭豆腐的评价：“恶臭但纯粹，让人躁动不安同时又无比可口。”

臭豆腐也是典雅的，其内核充满着文化。根据民间之传，还有逸事可书。因其品质和色泽可打一谜，谜底为：黄盖、李白和文丑。黄盖者，因其色泽金黄，覆盖在臭豆腐的外表，形如黄盖；李白，臭豆腐油炸后里面仍接近白色，故而称为“李”白；文丑，因臭豆腐有其生臭熟香之特点，所以闻之有臭之嫌，简称“文”丑。

荷叶粉蒸肉

又到荷叶飘香时，便是制作绍兴传统菜肴“荷叶粉蒸肉”的美好时光。酥糯不腻，清香入味的滋味，让人闻之想买想吃。这“荷叶粉蒸肉”在酷热难受的盛夏里营造出一份难得的清凉，带来美食的清风，接天莲叶无穷碧，解暑清热亦佳肴。

荷叶粉蒸肉的制作是有不少窍门的，其制作较为繁杂，工艺极有讲究。需经过炒米、磨粉、浸泡荷叶、选料、切肉、浸渍、包裹成型、蒸等工序，而每一道工序又有其相应的窍门。米粉由粳米、籼米各半配比，淘洗干净，沥干晒干，加入八角、丁香、山萘、桂皮炒至黄色。炒米既要把米炒香炒黄，但又不能炒焦，火小缺香气、火大易焦，把控好火候成为炒米时的关键；肉需选皮薄肉嫩的猪五花肋肉，油脂适中，肥瘦均匀；切肉时应切得大小一致、块块均匀，便于成熟一致；浸渍入味，需将绍酒、酱油、白糖、甜面酱调和得咸淡适宜、滋味和谐；加入米粉时需肉与粉用量恰当，粉多则粉味重又有饱腹之感，粉少则油腻乏口，风味缺失。粉量应恰到好处，使调味品卤汁正好被米粉吸收，不干不湿；包时成小型枕头包，饱满有形，更不可露“馅”；蒸时需用旺火，把握时间，以肉质酥糯为佳。

荷叶粉蒸肉是令人食而难忘的美味。其妙处在于：巧取荷叶清香、米粉之香、肉之酥香和谐相融，三香合一，一个香字凸显其品质魅力，一个酥字铸就其美味之魂，肉质酥糯，清香不腻，荷叶粉蒸肉成了夏季不可或缺的时令佳肴，应时应景更顺应人的生理需求。荷叶是个好东西，具有保健效果，它清热解毒、凉血、止血，色青绿，味芬芳，有清暑利湿、升发清阳、凉血止血之功效，近代研究证实其有良好的降血脂、降胆固醇和减肥的作用。在炎热的酷暑更成为餐中之宝，入肴、制作点心、煮粥悉听尊便。荷叶入肴重在取其清香、增味解腻之优，其适度的苦涩味正吻合“夏吃苦”的生理需求。荷叶中的荷叶碱具有较强的油脂排斥功效，能密布人体肠壁上，形成一层脂肪隔离膜，阻止脂肪吸收和堆积，使制作成的菜品，少油腻多清香，别有风味，独具一格。荷叶入肴的好处印证了中医对荷叶的评价：“色清气香，不论鲜干，均可药用”“散瘀血、留好血，令人瘦”。

夏日，苦夏难耐，炎热天气使人体力消耗很大，需要补充营养，而猪五花肋肉其纤维较为细软，结缔组织较少，具有丰富的优质蛋白质和必需的脂肪酸，并提供血红素（有机铁）和促进铁吸收的半胱氨酸，能改善缺铁性贫血。肌肉组织中含有较多的肌肉脂肪，生津止渴，补血益气，补肾，养颜护肤，养阴补虚。符合人体夏季养生之需。因此，民间称荷叶粉蒸肉为苦夏的营养保健之肴。荷叶粉蒸肉之妙还在于配伍合理，粳米含有大量碳水化合物，约占79%，其味甘，性平，能益脾胃，除烦渴，养胃，通便，活血祛瘀，特别是其祛脂之功，使猪肉与米粉的搭配，有了“干湿”互补之优，猪肉的油脂正好被米粉所吸收，祛腻生香，达到油而不腻。两物相配成肴，在营养搭配上、口味上互为补充，和合美妙，不失为夏之营养佳肴。

荷叶粉蒸肉，夏令应时菜肴，佐酒、下饭均佳，是百姓的最爱。过去，一到夏天，酒楼饭店适时供应，不但堂食，还有外卖，十分受欢迎。

20世纪70年代我当学徒时，常做此菜。一到盛夏，我们几个年轻人，便每日轮流着做。一天400包荷叶粉蒸肉，上午包裹好，午时蒸，

荷叶粉蒸肉

下午卖，十分畅销。有些老买主更是早早地就前来等候。这情景我至今仍记忆犹新，每每想起，荷香氤氲留余香。

荷叶、荷花入肴自古有之，其香其味可令菜肴增香添色，除了入肴做菜之外，还可煮粥做点心，亦可作为饮品，于饮食而言是天之美禄。荷花出污泥而不染、清新脱俗、气质优雅亦为文人墨客所推崇。如南宋吴炳的《出水芙蓉》，明末张子政《芙蓉鸳鸯图》，清任伯年的《荷花鸳鸯图》，民国谢稚柳的《荷雀图》。近代国画大师张大千更是“荷痴”，一生中所画的荷花作品成千上万，寓意深刻，生机勃勃，谓之“大千荷”，在中国美术史上有着特殊地位；以及王昌龄《采莲曲》、贺知章《采莲》、杨万里《晚出净慈寺送林子方》等诗，这些诗与画均是流传千古的名篇佳作，可以陶冶情操。

倘若司厨者能认真拜读，细细体悟，滋养厨心，打通诗画与美食的“医食同源”，让诗画成为创新菜品的养料，从中激活创作灵感，荷之肴将会更加美味风雅，天宽地广。

紫砂餐具

我很喜欢紫砂餐具，不仅因为它自然、敦厚、雅致、洁净，造型各异，富有特色，于淳朴中透露出它的细腻和灵气，更在于它对菜品的保温作用，给人温馨。但不知从何时起，紫砂餐具逐渐瘦身，品质下降了，市场萎缩了，取而代之的是茶壶、茶杯等高大上的茶具和所谓的工艺品，动辄以手工冠之。紫砂餐具在市场上难觅其踪影，这是一个不小的遗憾，于烹饪的美食美器而言是少了一个系列。

紫砂餐具是饮食文化中的一个组成，是众多餐具中的一朵奇葩，为菜品的出彩立下了“汗马功劳”。紫砂大约形成于几亿年前，是一种含铁等矿物质丰富的特种陶土，用作餐具源于何时尚无确切年代可考，或许是偶然之中的发现与创造。餐具的制作颇有讲究，需经过拣料，即将不同颜色的矿石，根据成品色泽和品质要求进行选材搭配，之后将这些矿石磨碎，拌成泥浆，再真空（抽掉泥浆中的空气）成泥巴，将泥巴放置一段时间，在紫砂行业中叫“润”一下。润好的泥巴就可进行成型制作，然后将成型的胚胎晾干，进窑在1200℃的高温下烧制，烧制温度的掌握需有经验。特别是泥巴中的矿物质，如果温度超过了矿物质的熔点，成品就会显现出矿物质固有的色点，影响成品的纯度和色泽，烧制温度过低，不但成品不牢固而且色泽也会受到影

响，紫砂餐具的制作是极其讲究，极富有技艺的，它是工匠精神的产物。

紫砂餐具独树一帜，尤其适宜中餐，于中国烹饪的贡献应予以称颂。一是它造就名菜，经器为典。号称云南风味之首的汽锅鸡就是紫砂餐具的杰作，汤清甘鲜，醇厚味美，原汁原味，离了它则难成风味。汽锅是紫砂中较为别致的餐具，典雅独特，它的成熟方式是通过紫砂汽锅的传热小孔用热气将鸡淋熟，故有的又将汽锅称为“洋淋”或“淋锅”。汽锅源于云南建水县，清光绪二十七年，建水知县卢咸项调往宁州（今华宁县）任知州，他烹饪出“炖鸡欧”送给他在建水县共事多年的师爷。师爷将这“炖鸡欧”请土陶专家王永清、向汝生仿制，然而“青出于蓝而胜于蓝”，这一独特的餐具深受人们的喜爱，代代相传。1912年，在巴拿马国际博览会上紫砂餐具荣获工艺美术奖，1963年，周恩来总理出国访问时，曾将其作为礼品赠送给国际政要和友人。

紫砂餐具之优点：一是具有透气性好的独特性能，且透气不透水，特别适宜于盛装炖品之类的菜肴，能保持菜肴汤汁口味的纯正和色泽的不易变化。二是对菜肴具有增色保温之效，紫砂耐温而散热慢却又庄重、美观、大气，让食者感到它的厚重感，诸如“佛跳墙”“东坡肉”“火踵神仙鸭”“蟹粉鱼翅”等菜肴，增色保温，佳肴美器相得益彰。同时，对一些带有腥味的或油腻较高的菜肴还具有“祛腥解腻”的作用，有道是一热增百味，一热解腥味，一热去杂味，中餐对热菜保温的基本要求在紫砂餐具中能够得到充分的体现，自然而便捷。三是紫砂餐具的安全性，陶土源于自然，在制作餐具时，不像瓷质餐具需上釉增色，全凭本色自然，因而它没有瓷质餐具中釉的化学性会影响健康的疑虑。釉里含有铅元素，特别是在酸性物质中析出更快，长期使用会造成铅中毒，紫砂餐具无一般瓷质餐具“釉”之忧，人们尽可放心使用，不失为健康之餐具。

紫砂餐具品种很多，造型各异，有精致的也有普通的，但它们同属陶瓷餐具的大家庭，不但宾馆酒楼需求量大，在家庭日常生活中也离不开它。煎药、煲汤、炖菜非它莫属，本味原色是其基本的特点，也是受人喜爱之处，一直得到人们的认可与青睐。在寒冷的冬天，用砂锅炖菜煲汤，热气腾腾，其乐融融，是百姓家中餐桌上常见的风景。砂锅菜肴选料非常广泛，可荤可素，也可荤素合一，制作也极为简便，少却了烟熏火燎之苦，又保持了菜肴的营养，砂锅大白菜、荤素东坡豆腐这是在冬天常吃的家常菜，是百姓最爱。大白菜、肉卤加粉丝，有条件的再加点冬笋增鲜，在砂锅中炖至入味，喜辣的可浇上辣酱，这就是百姓家中的冬日美味大餐，经济实惠。荤素东坡豆腐比起砂锅大白菜就要考究多了，先需在油豆腐中塞入猪肉末，蒸熟后就成东坡豆腐，再将白菜、木耳、蛋糕片、熟笋片、粉丝等放入砂锅中，加上鲜汤炖制，香鲜入味，冬日好菜。当然，用砂锅制作的菜品难以例举穷尽。

紫砂餐具

紫砂餐具还有一个可爱之处，就是它的情感性及其厚积薄发。随着餐具使用时间的久长，越呈现出其温润内敛的秉性，越显现出它的内涵，越用越觉得其可爱、精神，让人对它备加爱护和珍惜，这就是紫砂餐具的独到之处，也是其品质闪光点之一，人与物和谐共生。

紫砂餐具的回归，如同人们追求美食，返璞归真，以真为美，但现在制作紫砂的陶土越来越稀缺，紫砂餐具成了器皿之珍，我们应“物尽其用”，加倍珍惜。

骨瓷餐具美

美食配美器，交相辉映，这是一种美食的档次与境界，更是就餐者高品质的享受，也是司厨者对完美菜品的一种追求，古今皆如此。

美器即餐具也，在餐具中又以瓷质居多，这可能与其具保温性能有关。绍兴陶瓷制作有着深远历史与对中国瓷业的特殊贡献。原始瓷是越地的一项重大发明，据考古资料证明，绍兴最迟在商代晚期就已经开始制造，在商至战国近1400年间连续生产，几乎从未间断过。绍兴瓷器餐具也曾风光无限，只不过随着绍兴瓷厂的歇业而淡出，甚为可惜。当今瓷器餐具品种五花八门，良莠不齐，在众多的瓷质餐具中，要算美器的，我觉得应首推骨质瓷。

骨瓷，原称骨灰瓷，因人们对“灰”字感到不“雅”，遂改称为骨质瓷，简称骨瓷。骨瓷是世界上公认的最高档的瓷种，它的骨子里蕴藏着贵族气质。从18世纪的启蒙时代起，就在欧洲的王室中大放异彩，成为贵族餐桌上的娇宠。据说英国的皇室、唐宁街十号用的均是本国所产的骨灰瓷。美国中上层人士饮茶，也多用骨灰瓷杯。

我欣赏骨瓷的光泽柔和、温润如玉、晶莹剔透，“白如玉、明如镜、声如磬、薄如纸” 的品质，更赞美其绿色和安全的品位。骨瓷的价格虽比一般的瓷器贵好几倍，但物有所值，贵得有理。一是它的

骨瓷餐具

强度是一般瓷器所不能企及的，使用寿命长，对环境的污染少；二是美观、灵动、典雅，为菜品锦上添花，极具品质；三是骨质瓷是绿色的，因而也是一种彰显健康的餐具。美器之美在其质，骨瓷的制作非常讲究，在瓷质的配比上需含骨粉40%以上，这骨粉大都是牛骨粉，经过高温素烧和低温釉烧两次烧制，独特的烧制过程和骨碳的加入，使瓷土中的杂质被消除，骨质瓷花面装饰与釉面融为一体，成品多是低铅或无铅的产品，不含对人体有害的铅与镉，称得上真正的“绿色环保瓷器”。长期使用骨瓷餐具对人体健康有益，不像一些瓷质低劣的餐具，铅与镉的成分留存过多，使就餐者在食用的过程中不知不觉地把受到铅与镉污染的菜肴吃下肚子，长期使用将会严重影响身体健康。

美食不如美器。李白诗云：“金樽美酒斗十千，玉盘珍馐值万钱。”清代著名美食大家袁枚在《器具须知》中说：“古诗云，美食不如美器。斯语是也。……惟是宜碗者碗，宜盘者盘，宜大者大，宜小者小，参错其间，方觉生色。”这无疑是对美食与美器关系的一个精炼总结。美食佳肴必须有精致的餐具烘托，才能精致地呈现，达到完美的效果。如果说器皿简陋，而食物精美，那无异于“一朵鲜花插在牛粪上”，自然撩不起食者的食欲，是对美食的亵渎。就如同穿衣服一样，既要考虑衣服本身的质地、颜色、款式，也要讲究衣服与个人气质、相貌、肤色的搭配，而食物与器皿之间也存在这样的依附关系，需要和谐互衬。

精致的餐具也是美的享受，杜甫在诗中曾描写过唐代宫廷餐桌上的美食美器，那是一种美食与美器相结合的经典。诗云：“紫驼之峰出翠釜，水精之盘行素鳞。”驼峰确为至尊美味，烧好后用翠绿的“玉釜”来盛装，清蒸鱼用晶莹且透明的水晶盘子装盛好，将它们呈现在食客面前，真是珠联璧合，满桌生辉。

餐具是厨师的“恋人”，得心应手的餐具常令厨师爱不释手，欣喜备至。而现在市场上所供应的餐具大都千篇一律，跟风严重，像是一窑所产，难以满足行业之需和菜肴款式之需，成为菜肴开发的一道难题。有时跑遍餐具市场，也找不到一款与菜品相匹配的餐具，真有“天下之大，寻觅不着”的感慨和无奈。菜肴要创新，餐具怎么办？这个问题一直困扰着大厨们，其实这是一个互动话题，厨者需与厂家互动，把自己的想法和要求告诉厂家，积极建言，协助餐具新品的开发，这是利了厂家、美了自己的双赢之举。厂家也不要凭着自己的臆想来创造，要多贴近市场，了解餐饮业的走势，多与厨师交朋友，联合开发，各取所需，餐具之难题将会迎刃而解。

骨质瓷也好，其他瓷质的餐具也罢，都是菜品之友，在绿色烹饪、健康美食的大背景下，需将餐具的安全化提到议事日程上来，美食美器，更需要健康安全做保障，我推崇骨质瓷餐具。

白 斩

说起白斩，人们一定会想到白斩鸡、白斩鹅这些家常菜，因为它们是白斩菜肴中的代表和经典，历经岁月蹉跎至今仍备受人们的青睐。不论在市场里的熟食店，还是在饭店酒楼的菜单中，其名角的地位始终难以撼动，在百姓的餐桌上更是不离踪影，一有聚餐或需改善伙食，白斩鸡等菜肴就成了首选。

何谓“白斩”，白斩是淡煮与“斩”刀功相结合之产物，即食物不加调料淡煮至断生，经原汤浸泡至冷却，将其斩成块状，用母子酱油等调味品蘸着吃的一种食用之法。一个“白”字将此种烹饪与食用方法的特点表明得清清楚楚。淡煮：不放任何调味品，清水白煮，熟而爽鲜。白斩：用斩的刀法，将食物斩得清清爽爽，不拖泥带水，并自然而然地点出其食物具有带骨的这个特征，不然这个“斩”字就不能成立了；白斩还随食者的口味喜好，蘸用的调味品多为绍兴的母子酱油，食用时喜咸或淡任凭食者自己做主，明明白白，这是白斩的优势。将以人为本的人文关怀体现在饮食生活之中，同时也是一种对食物的“尊重”，淡煮最大限度地保持了食物的原味和其营养价值，具有温馨和亲切的感受，这可能就是白斩菜肴经久不衰的原因吧。

白斩菜肴以时鲜为本，以简单易行为特征，贵在美味营养，让人百吃不厌，念念不忘。白斩是简单便捷的，但不失真韵和原味，在简单中蕴含着不简单，操作具有很强的技艺性，需一环紧扣一环，一丝不苟。黄亮的色泽，洁净的身子，鲜嫩而有质感的口味，能有如此品质的白斩鸡，实非易事。这需要厨师日积月累的经验和技巧，要放净血必有准确的下刀点，也就是刀口恰到好处；要煺净毛，水温是关键，但还得注意鸡身的大小，鸡龄的老少；要保持鸡的原状，不走样，煮时的火候极为讲究，需旺火煮小火焐热汤浸，使鸡身品质鲜爽自然。这就是白斩技艺的基本点，滴水穿石，臻于至善。

一盘白斩鸡弄得蛮享受，“飞（翅膀）叫（鸡头）跳（鸡爪）”是饕餮者的至爱，也是酒仙们的珍肴，“飞叫跳”执手，一壶相佐，倾心尽醉，“乐不思蜀”；食之无味，弃之可惜的鸡肋也变得有滋有味；那鸡肉当是鲜美无比了。白斩鸡这样让人馋涎，同出一辙的白斩鹅其滋味也是如此。

白斩之法并非孤支单脉，在民间还有冠以“白切”和“火冒”的

白斩鸡

菜肴，它是白斩的亲兄弟和旁枝，只是白切的菜肴在切之前剔去了骨头，如胡羊尾巴太油蘸的白切羊肉，油而不腻的白切肉等。此外，葱油和白灼的烹调方法与白斩也有着许多相似之处，葱油之法是食材经蒸、氽或煮后加上调味品及葱姜丝等，淋上热油，增其香气，是将调味品由蘸改为淋，愚以为是白斩的延伸或发展；而白灼则是由煮为氽，因是原料的对象不同了，需要用快速的"水煮"方法，其后的食用也是氽后用调味品蘸食。从操作原理看，它们是一脉相承的，由此及彼，互相影响，不断壮大发展。

白斩鸡

——永远的经典

鸡的吃法，可谓花样繁多，最经典的当首推白斩鸡。“白斩鸡”，因烹调时不加调料，经水煮（白煮）而成，食用时斩块蘸以母子酱油而得名。白斩鸡，成菜皮色黄亮，皮脆肉嫩，滋味异常鲜美，令人百吃不厌，它既是百姓餐桌上的最爱，也是酒楼饭店中的常客。一盘白斩鸡吟唱着传承不息、经典永远的主题曲。

白斩鸡朴实无华，其吃法源于何时，无从查考，但自从世间有了对鸡的食用，就有了白斩鸡的吃法。因为这种吃法最具原生态，操作简单省事，无须具备繁杂的烹饪条件，有火有水有炊具就行，调味也可随心而为。关于白斩鸡的由来，相传，从前有一个读书人弃官务农。他乐善好施，深得村民拥戴。一日，他和妻子商量，决定杀只母鸡，来打打牙祭。妻子刚将母鸡剖洗干净端进厨房，放入镬中，忽然窗外有人呼号哭喊，原来是小孩贪玩，导致灯笼着火酿成火灾。读书人二话没说，揣起一个水桶就冲了出去，他的妻子也跟着去救火。在村民的共同努力下，大火最终被扑灭。回家时灶火已熄，锅中水微温。原来妻子走得匆忙，只在灶中添柴，忘放佐料。而锅中的鸡竟被热水烫熟了！于是，将就用酱油蘸着吃，不料味道异常鲜美。

白斩鸡，历来受人青睐，成为美食家笔下经常谈论的话题。清代

白斩鸡

人袁枚在《随园食单》中将白斩鸡称为白片鸡。清代《调鼎集》记载了“白片鸡”的两种制法：“肥鸡白片，自是太羹元酒之味（指原汁原味），尤宜于下乡村，入旅店，烹饪又及时最为省便。又，河水煮熟，取出沥干，稍冷，用快刀片取，其肉嫩而皮不脱，虾油、糟酒、酱油俱可蘸用。”广东称“无鸡不成宴”，此鸡主要指的是白斩鸡。绍兴人以前的酒席是“无鸡不成席”，放的是全鸡，一般的清汤鸡，高大上的“百鸟朝凤”“ 火腿炖鸡”等，这些鸡肴其实也是源于白斩鸡，是青出于蓝而胜于蓝的升级版。

鸡是托物寄情的吉祥如意之物，类似“闻鸡起舞”的典故很多，画家用画这种体现中国人特有的民族精神和文化的艺术形式，让鸡的形象栩栩如生。鸡更是人们离不了的美味和营养佳肴。绍兴鱼米之乡，得天独厚的自然条件，使绍兴城乡百姓均有养鸡之俗，也养成了绍兴人喜食鸡的饮食习惯，尤以白斩为上。春时购买的鹅黄色小鸡种，放养在田野山坡、房前屋后，哺虫食草（吃活食），格外健壮，经过家养，8至10个月便成熟。鸡身为2千克大小，肌肉紧密、肉质细嫩，脂肪分布均匀，是制作白斩鸡的好食材。

白斩鸡被民间视为精贵，一般不随便食用，只有逢年过节或宴请客人才会食用，以一道经典的过酒坯（冷盘）呈现。旧时，饭店、酒楼必有白斩鸡作为招牌冷菜来招揽客人，卤味店更是如此。源于绍兴马山，20世纪40年代走出去闯荡上海滩的“上海小绍兴鸡粥店”，于1978年恢复开张，凭借着一只白斩鸡红透上海滩，香飘国内外。后经发展组建了集团公司，白斩鸡成为企业的核心技术，连锁经营，效益非凡，充分展现了白斩鸡的魅力。白斩鸡在创业中得到不断改进、提高，既赢得了客人的心，也赢得了广阔的市场。

卤味店中的白斩鸡卖相着实好看，黄亮的皮色下，肌肉饱满含着汁水，皮脆肉嫩，散发着鸡肉特有的香味，勤快的“店小二”会时常关注，适时地给鸡涮上鸡汤，使鸡不会因缺少水分而干燥、转色、起皮，导致影响美观和口味。要保持这样好的卖相，须得掌控好整个制作过程，不能疏忽任何一环。宰杀时刀口要小如黄豆粒般大小，血要放尽，才能保持鸡身的干净与正色；剖洗，热水煺毛，洗尽杂碎；焯时沸水宽汤，而后清水浸洗，去尽膻气；煮时旺火沸水下锅，至沸滗尽浮沫，改为小火，途中将鸡捞起沥去鸡肚内的生水，继续煮至断生，离火在原汤中浸泡至凉，将鸡捞出，控去汤汁，在鸡的周身涂上香油即可。

白斩鸡的老嫩与其所含水分多少有关。煮鸡时，鸡的细胞受热破裂，内部汁液流失，肉质紧缩，吃起来就感觉老。鸡煮熟后，放在汤汁中浸泡，使细胞重新充水，形体重新饱胀，肉质就嫩了。在鸡身上涂香油，可防止鸡皮风干，减少水分的蒸发，起到肉质鲜嫩的效果。因此，白斩鸡鲜嫩的要务在于有效地保持好鸡内部的水分，控制好火候，使其水分尽少外泄，既保持鲜嫩的质感和滋味，又减少其营养素的流失。

白斩鸡贵在普通，赢在简单，味在食材。其经典在于没有繁杂的烹饪，只用简简单单的白煮之法来完成，于简单中凸显着司厨者运用白煮烹饪技艺炉火纯青之精妙。其经典也在于优质食材之珍贵。白斩鸡之精妙，在于简单普通的表象下，蕴含着“简单最是经典、大道即简”的哲理，这道菜肴保持着旺盛的生命力，至今仍是不衰。随着岁月的迭新，食物的丰富，白斩鸡仍是绍兴人的首选，不变的美味，这既有白斩鸡诱人的滋味，又有白斩鸡让人不可抗拒的魅力，更是白斩鸡烙在人们心灵深处的那份记忆和乡愁。

第四辑

食物新语

食物不仅仅满足口腹之欲，带来舌尖上的愉悦，更能使人感受到一个地方的风土人情、文化、智慧和生活方式。食物亦可慰藉心灵，一解乡愁，可谓民以食为天，一方水土养一方人。

守正出新

何谓守正出新？这个词语源于古语“守正出奇”，意为恪守正道才能有特别的、不寻常的作为。我认为此语十分符合烹饪这一行业的要求，可作为我们的座右铭。

守正的底气是传承，传承好才能守得正、守得好，才能把前辈先贤的精神、技艺、品德等精髓继承下来，使之成为经典，并有所超越。

如何守正，第一，需认识到位，端正态度。敬畏传统，对前辈先贤充满感恩之心，膜拜之情。第二，应老老实实、恭恭敬敬地学，知其然更知其所以然，把精髓、经典真正学到手，传承到位。第三，融进思想，以科学的态度，学思并举。第四，学以致用，落到实处，化他为我，守正出新。第五，要有宁静之心，历练心性，耐得住诱惑，守得住寂寞，让灵魂波澜不惊，让眼界渐之深阔，守正出新方可致远。

守正之法，重在挖掘、筛选与传承。而挖掘这是一个长期的任务，同时也是一个寻宝与扬弃的历程，更是思考和学习的过程。作为浙菜源头的绍兴，是首批国家历史文化名城。文明史近万年，建城史逾2500年，绍兴烹饪源于民间，因此我们应深入民间。同时我们还应

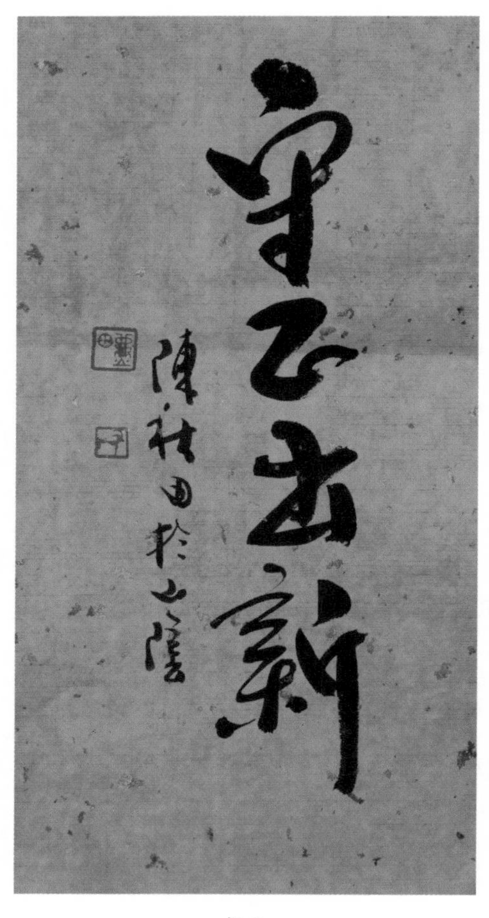

书法

走进书海，去寻找有关绍兴古法烹制、民间灶台的典故、传说、古籍、地方志、民谣、谚语、诗歌等，这些都是我们取之不尽、用之不竭的宝贵财富。我们把这些东西挖掘出来，以科学的态度去对待，去粗取精，提炼舍取，为传承提供优质资源。传承是为了深耕传统，沿袭继承，推陈出新。传承，更是一种烹饪文化的自觉，我们要有“自知之明”，要明白它的来历，形成过程，所具有的特点以及发展趋势。当然，传承应是活态的传承，温故而知新，从挖掘中吸取养料，不死守、不僵化、不无知、不迷茫、不轻薄、不走样，成为守正的清泉活水，并结合时代，守正出新，弘扬光大。

当前传承的任务十分艰巨，传统的菜品越来越难见踪影，拥有这些技艺的厨师亦越来越少，不少传统佳肴已濒临失传，急需政府将其列为抢救项目，这也引起了社会各界的高度重视，成为守正出新的主任务、历史使命和时代责任。

厨师的价值在于传承，承上启下，继往开来，把前辈先贤的经典作品、技艺精髓、优秀品德传承下来，发扬光大。要实现这个价值，应做到“技艺＋文化”，这是由厨师职业特点所决定的。技艺是基础，特别是扎实的基本功。文化科学知识是助推器，厨师这个职业有许许多多的烹饪奥妙，需要用科学知识去破解。因此我们应当树立书香致远的做厨理念，用文化知识为我们答疑解惑；换言之，厨师也需要诗和远方。此外还要做到“技艺＋匠心”，也就是说做任何事情，都离不开工匠精神。专注、执着是成事的基础，宁静致远，精益求精是立业之素养。培养人才，应使其从入门那一天起，就撒下工匠精神的种子，才能使其茁壮成长，结出累累硕果。技能创造财富，知识改变命运。

厨艺有时是一门遗憾的艺术，做得再好的菜，一吃也就没了，但它可以成为传世经典。一些传统名菜其历史短则百年，长则千年，一直流传至今，仍是人们的至爱，在历史长河中依然熠熠生辉，靠的就是一代一代人的匠心传承，守正出新。绍兴传统名菜“干菜焖肉”成为当今绍兴美食中响亮的名片，就是从民间走向市场、守正出新的范例。它由最先的毗几扣、长方块到小方块刀功成型的演变，在烹调上由扣蒸到烧焖，配伍上则由单一的菜品，到满足膳食平衡的要求，迭代改良而成为菜点结合的新款。经过一系列守正出新的历练，才使得干菜焖肉“功成名就”。其实每款流传至今的名菜无一不是守正出新的结果。

守正与出新是一个共同体，互相融合，相辅相成。只有守正到位了，精髓到手了，出新就会水到渠成。出新要以守正为基石，以先进文化来领引，以文化创新作推动。同时，守正出新又是一个传承、出新，再传承、再出新不断更新的过程，深耕传统，沿袭继承，吐故纳新，精益求精，才能服务今天，夯实明天。

质量与创新

——提升菜品档次的双引擎

菜点的质量与创新是菜品质量管理中的两大要点。如何正确处理好两者的关系，摆正位置，这对酒店的经营和声誉影响极大。

现时餐饮业的竞争真的有点到了针尖对麦芒的境地，为了吸引客人，争得一席之地，酒店的老总们都在菜肴的创新上大做文章，以此作为亮点，作为取胜的法宝，这无疑是一种可取的策略。然而，在这一过程中必须处理好菜品质量与创新的关系。

“质量是企业的生命”“要像保护自己的眼睛一样来保护菜品的质量”。这些从实践中总结出来的至理名言，充分说明了质量的重要性。确实，质量是企业生存的第一要务，也是最基础和最根本的。优质的菜肴将赢得客人的口碑，而要制作优质的菜肴，出品稳定应是重中之重。这稳定包含着诸多因素，包含着烹调的方方面面，如原料产地、生产（生长）、批次的质量是否一致；杀、洗、剖的程式是否如一；切配的刀口、投料的规格是否统一；烹调中的火候和调味是否准确；菜品的盛器、装盘的式样是否一样等，都是客人评价质量优劣的依据。有品位的酒店的菜品应是始终如一，稳中有升的。

稳定的质量是一个酒店取信于客最有效的信誉保证，也是获得经济效益的金钥匙。香港“夜上海”——金钟店，菜品不多，但质量相

优质的菜品

当稳定，令人信服。司厨者对菜点质量的要求成熟于心，配合默契，手工纯熟，出品始终如一，这也是一种保护菜品质量的理念。同时，也带来了丰厚的回报，只有近200餐位的酒店，日营业额在10万元以上。质量稳定的效益是那么显而易见。

创新是一种“功到自然成”修炼的产物，一种“瓜熟蒂落”的喜悦。但创新并非是速度越快越好，数量多多亦善，日日有新肴，良好的愿望并不等于有效的结果，古训“欲速则不达”不可忘。创新要的是成熟有效的创新，成功的创新需以质量来保障，不成熟的创新只能是滥竽充数，玷污创新之美名。

创新须有功底，源于实践的厚积薄发。笔者在实践中时常做这样的探索。

1. **提升菜点，完善创新。**根据一些菜点的不足，有针对性地加以

创新，使之完善提升。如绍兴传统名菜干菜焖肉，虽说已做了创新，在菜肴组合上加入了面点“荷叶夹”，在一定意义上菜肴的酸碱度得到了平衡，但仍存有不足，还有创新的余地。因而有针对性地组合了形似荷花叶瓣的“清炒西芹”，使其色更艳，和谐雅致；外形更靓，如盛开的荷花；味更美，融入了西芹清口爽脆的口感，既符合市场需求，又大气上档次，受到消费者的赞赏。

2. 打破常规，逆向创新。“手掿菜”是绍兴的传统家常菜，常规的吃法总是作为配料，炒鱼片、炒肉片、炒毛豆、氽汤、炖豆腐等，单独成肴则以清蒸为主，而新肴“脆炸手掿菜”则是将其挂糊油炸，清香脆嫩，形色美观，让人耳目一新，真有新意。

3. 不拘一格，借鉴创新。“水煮鱼片”“酸菜鱼”，让绍兴人既喜欢又害怕，辣过火，油腻重，菜又过于粗犷，盘大量多，刀功不细，满盆红红的辣椒。为此，取其精华传其神，笔者对其进行了本土化的改良，在制作时轻油弃杂，突出鲜嫩，用辣油增香添色，以适度的刺激为宜，创新出青出于蓝而胜于蓝的“水乡捞鱼片”“鱼汁捞面”等佳肴。菜点创新精于勤，需要我们勤于思考，勇于实践，积累点滴。

菜点的创新是有其周期性的，需有一个培育的过程，这个过程包含着定位与设计的过程，跟踪与检验的过程，取舍与完善的过程，这是一种理性的创新。定位与设计是方向的问题，揣摩客人的心理，依据市场走势，因店制宜有针对性地设计好菜品，保持个性，创造特色，切忌跟风盲从；跟踪与检验那是对菜品的培育，在对客供应的过程中，不断地吸收客人的评价，做好跟踪记录；取舍与完善是一个收获与舍弃的工作，对于客人认可的菜品应做好完善工作，精益求精，使其定性定量有标准，规范制作，稳定质量，对于不受客人欢迎的菜品则应坚决舍弃。

菜品的创新其实是厨师与客人间引起的一种共鸣，一种互相之间的认同。当然，菜点创新既要敢于海阔天空，无所顾忌、无宗无派，又要“万变不离其宗”，这个“宗”就是紧紧抓住中国菜的精髓——以味为主、以养为目的和“适口者珍”的瞬息万变的市场。创新其实是质量稳定的延续，只有原有的菜品质量稳定了，才能“温故知新”，举一反三，造就出名副其实、受顾客青睐的菜品，创新才会有旺盛的生命力。

优质的菜品与成功的创新是我们提升菜品档次强有力的翅膀，不能厚此薄彼。质量是菜品声誉的基础和保障，创新是菜品赢得活力的源泉。只有正确地定好位把好度，才能使菜点质量得到有效提高，才能把菜品的质量管理纳入健康发展的轨道，才能吸引客人，赢得回头客，使酒店在竞争中立于不败之地。

越味龙虾

龙虾是粤菜中的一大特色，随着食风的互为影响，在距离不是问题的今天，龙虾在绍兴已不是什么稀罕的东西了。尤其在民间的喜庆宴席上一般都有龙虾，以示宴席之档次。

龙虾的吃法，也是五花八门，黄油焗、刺身拼、配料炒，鱼翅烩等。然而，食无定味，适口者珍，在众多龙虾的吃法中，我最欣赏的还是“越味龙虾”这一独辟蹊径的做法。

欣赏之理由有三。其一，不随大流，充分发挥自己的长处。“越味龙虾”选用绍兴名特土产——笋煮干菜与大龙虾，笋煮干菜既为配料又作为调料，既解腥又增鲜，利于原料的优化和提升，原汁原味，突出了清而入味，清而甘醇，清而香鲜，清而爽口，肉质滑嫩的风味，这种烹调之法在全国各大菜系中可以说是绝无仅有的，极具特色。其二，运用了绍菜中咸鲜合一的手法，恰到好处地将龙虾烹制得鲜美无比，令人品后“余味缭绕”。其三，造型自然且又漂亮，还兼有一虾两吃之长，虾肉用来烹制越味龙虾，虾头虾尾可制作炸烹或泡饭，任凭食者喜好。

越味龙虾其做法极为简捷。笋煮干菜用开水浸泡，将龙虾杀死后，处理干净，把龙虾肉切成片，头、尾加葱、姜、绍酒蒸熟，置大腰盘一侧，锅置旺火上，加入清水、笋片、笋煮干菜连汤，至沸，调好味，加入龙虾肉一氽，打清浮沫，即起锅盛入汤盘，撒上胡椒粉，置于盘的另一侧即成。制作就是这么简捷明了，其实越味龙虾是在绍兴民间家常菜“干菜虾汤”的基础上发展而成的，吸收和运用了干菜虾汤的制作技巧与原理，利用干菜清鲜祛腥增香入味的特点，把干菜入肴的优势发挥到了极致，使制作而成的“越味龙虾” 清香鲜美，肉质滑嫩，汤醇入味，别有风味，被食客誉为越中经典海鲜菜肴，是“南料绍烹”的典范之作。在咸亨酒店上市以来经销不衰，成为吃龙虾菜肴者的首选。

绍兴民间素有在夏天喝干菜汤之习，是夏日家庭的常吃之肴，并搭配一些时鲜的食材，如鞭笋、蒲瓜、南瓜、黑鱼、河虾等，烧成干菜笋头汤、干菜蒲瓜汤、干菜南瓜汤、干菜黑鱼汤、干菜虾汤等，用以调和滋味，消暑开胃。周作人老先生在《知堂谈吃》中写道：“夕阳在树时加酉，泼水庭前作晚凉。板桌移来先吃饭，中间虾壳笋头

越味龙虾

汤。”这是旧时绍兴人在夏日中家庭生活习俗的写照，滋润着一代代的绍兴人。越味龙虾源于此，并胜于此，是绍兴物产和饮食之俗滋润的产物，有根有底，因而具有极强的生命力。从20世纪90年代上市以来，经久不衰。

越味龙虾美不胜收，它的美在于“凡物各有先天”，熟知其秉性，“方有和合之妙”，呈现出原料之优和烹饪之优，把原料本身之美味绝对地放大。这是越味龙虾魅力所在，亦是菜肴制作应有的境界，更是厨者的追求和所需具有的精到功夫。

“越味龙虾”菜肴的成功演绎，在于敢于打破常规，不跟风、不随流，坚持自我，充分利用本地特色食材的优势，得益于本地特色原料与外邦菜肴的有机融合，扬长避短，优势互补，是成功之作、经典之作，是向民间烹饪学习的重大收获，也是司厨者师古而新的灵感迸发，识货、懂行、张力的展示。这也说明了民间烹饪是菜肴创新发展的原动力，是启迪司厨者学而常新、思而常变、行有所获的思路源泉，是弥足珍贵的。

干菜焖肉的迭代变迁

干菜焖肉是绍兴有名的传统菜，以其色泽枣红、油润不腻、香酥绵糯、咸鲜甘美的风味受到食者青睐，成为中国绍兴菜的代表之作。

干菜焖肉源于何时，实难查考。在民间到处流传着徐文长与干菜焖肉的故事。相传徐文长才高八斗，学识超人，可放荡不羁的他敛财乏术，到晚年就有些穷困潦倒。其时山阴县内大乘弄口新开一家肉铺，请徐文长写招牌，店主以一方五花猪肉相酬。数月不知肉味的徐才子十分欢喜地回家烧肉，却发现身无分文，连盐酱都买不起，他忽然记起甏内还有些干菜，就用干菜与肉一起蒸煮，不料歪打正着，口味极佳。“干菜焖肉”就这样在徐文长的手中诞生了。这只是民间的传说，若要真正考究起来，笔者以为“干菜焖肉”的源头，当是百姓一日三餐家常烹饪的日积月累，也是绍兴民间喜咸鲜合一烹制菜肴的饮食习俗的必然产物。

“干菜焖肉”源于民间，叫“干菜毗猪肉”，是民间餐桌上的主菜，在夏、秋季节更是不可缺少，既好吃又不太会变质，更能开胃健体。在没有冰箱的年代里，干菜肉凭借不易变质的特点，老百姓百吃不厌，对其感情至深。制作干菜毗猪肉在民间十分简便：将猪肉切成块，一层干菜一层肉放入碗内后加点糖、绍酒等，入锅蒸熟即可。有

干菜焖肉

的主妇为使干菜肉的色泽红润点，常先在肉中加点酱油拌一下，然后再与干菜一起蒸食，这种吃法，一定程度上与民间烧大灶的饮食炊具有关。大灶烧饭，是将米放入镬中，加好水，上面放一片饭架，将干菜焖肉置于其上，盖上高镬盖，饭熟了干菜肉也熟了，但还没酥糯，需反复蒸几次才会好吃，这样的方法，绍兴民间称为“炆”。炆的次数越多干菜肉就越香、越酥、越糯、越好吃，但往往到了最好吃的时候肉已吃完了，望着残存的干菜，主妇们流露着惋惜的神情，这是民间正版的干菜肉。以后引入饭店酒楼，在民间做法的基础上不断改良提高。最初是家常式的，选用猪五花肋肉切大方块，白煮至断血，凉后改刀成长的厚片，扣入碗中加入干菜，上笼蒸酥，这做法叫“毗箕扣”。其后，在行业中有些店家根据自己的理解和需要，对干菜焖肉的做法弄出了不同的版本，因此干菜肉也做出了名气，成了招徕买主的招牌菜。

1963年干菜焖肉入选《中国名菜谱》（第八辑）苏浙名菜点。由条为块，将肉切成一寸见方，干菜焖肉的成熟以焖烧为辅、蒸为主。

1975年，浙江省举行餐饮业博览会，评选浙江名菜并将其汇集成册予以出版。干菜焖肉也参与评选，借此东风，绍兴市饮服公司组织技术力量对干菜焖肉进行考量和评估，对干菜焖肉的刀工成型做了调整，由一寸见方调整为六分见方，干菜二分长，由已故绍兴名厨盛阿三师傅赴杭州天香楼菜馆现场制作，别具风味的绍兴传统菜“干菜焖肉”受到了一致好评，被评定为浙江名菜，顺理成章地入编《浙江菜谱》，于1977年出版。

1988年在《中国名菜谱·浙江风味》出版之时，又将其肉的形状改为两厘米见方的小方块，干菜切为0.5厘米长，在刀工成型上更具量化规范。在烹调上延长了焖烧的时间，并实行了先焖烧后蒸的烹调方法，在原料上明确了主料需选用薄皮小猪身的五花肋肉，配料为芥菜干，调味品为绍酒、白糖、茴香、桂皮、葱姜。至此，干菜焖肉从选料要求、刀工处理到烹调方法，全方位地加以明确，将干菜焖肉的制作工艺确定下来，成为行业的标准和规范。

1999年在第四届全国烹饪技术比赛中，本人推陈出新，在配伍中引入膳食平衡的养生理念，增加面点“荷叶夹”，在造型、色泽、口味、营养等方面有了极大的提升，菜点结合，别具风味，适应现代人的饮食观念及饮食习惯的需要，获得评委的一致肯定，并获得了金奖。之后，这一用荷叶夹包裹干菜焖肉食用、菜点合一的新款干菜焖肉热销于市，备受消费者的喜爱，被食客戏称为“中国的三明治”，成为行业的经典范本，普及至今，成了浙江省的名菜。

干菜焖肉是绍兴一款历史名菜，具有极强的民间性、极高的技艺性、极佳的养生性、极深的文化性，极具特色。它体现了“文武”互补的基本哲学理念，将猪五花肉和干菜有机地配伍在一起，具有形、色、味、养的互补，恰到好处地利用火的作用，使猪肉的脂肪得到合理的分解，与干菜充分融合，使猪肉的油脂溶化正好被缺少油脂的干菜充分吸收，而干菜的鲜、香、咸等诸味，悠然地渗透在猪肉之中，

“你中有我，我中有你”，使其咸鲜合一，达到互补、和合，功在火候，美在干菜，酥糯为本。它被收录于《中国烹饪百科全书》《中国菜谱·浙江卷》《中国名菜谱浙江风味》《浙江美食文化》《浙江饮食服务商业志》《中国绍兴菜》等书籍。

干菜焖肉代代相传，相传由徐文长所创，至今已有450多年的历史，生生不息，成了经典。制作干菜焖肉成为绍兴厨师的必修课，成了食客必吃之肴。2011年3月绍兴一中的学生在进行绍兴饮食文化的课题研究时，对最为知名的绍兴菜在不同年龄、不同对象的人群中进行了调查，结果表明在绍兴人和外地人当中绍兴最知名的菜就是干菜焖肉。

从这个调查中我们可以发现干菜焖肉的代表性和知名度，以及它的普及性，干菜焖肉业已成为目前绍兴的第一品牌大菜，绍兴菜中的一张金名片，成为来绍兴就餐者的必点之肴。周恩来总理生前曾多次用此菜招待外宾，现也成了驻外使馆招待外国首脑的佳肴，干菜焖肉已进国宴，传遍四方，香飘五洲四海。

鳜鱼入馔味形多样，不拘一格

鳜鱼，绍兴俗称“寄花鱼”“花鲈鱼”，为名贵淡水鱼类。其体略带黄绿色，侧扁而宽，嘴大、有齿，是凶猛的肉食性鱼类。喜生活在静水或缓流水域底层，常卧于湖底凹陷处，与身旁石头、水草相混，常不易被人发觉。冬季栖身在水的深处，摄食量很少。春季随着水温升高，逐渐洄流到江河、湖泊等浅水中，在杂草石缝中觅食。“桃花流水鳜鱼肥”描写的即是初春鳜鱼洄流的情景。

绍兴河流纵横，湖泊星散，水面水草丰茂，鱼虾等饵料丰富，鳜鱼广布，尤以鉴湖鳜鱼最为出名。宋代诗人陆游曾在一首咏秋日鉴湖的诗中写道：“船前一壶酒，船尾一卷书。钓得紫鳜鱼，旋洗白莲藕。”可见当时鉴湖鳜鱼之多之肥美。明清时，鳜鱼作为进献皇上的贡品，有诗云：“时值秋令鳜鱼肥，肩挑网箱入京畿。”鳜鱼肉质细嫩，口味鲜美，无细刺，营养丰富。含蛋白质18.5%，脂肪3.5%，以及人体必需的钙、磷、铁、硫胺素、核黄素、维生素B_3等多种微量元素。鳜鱼的肉和胆还具有一定的药用价值，可调节气血、养脾胃，治羸瘦。《随息居饮食谱》也谓其可“养血、补劳虚、杀劳虫、消恶血、运饮食”。在绍兴民间，节俭的绍兴人一般不会轻易买鳜鱼吃，除非

用以待客、滋补身体，并因其无细刺又有营养，成为小孩长身体、改善伙食之首选。

鳜鱼入馔，大凡烹调鱼品的方法几乎均可适用。做冷菜，可凉拌、熟炝、卤味、酱腌、糟醉、水晶等；加热烹制，可为热炒、大菜，又可做羹汤、火锅，还可做点心、小吃等。可采用炸、熘、爆、炒、煎、烹、贴、烩、氽等旺火速成法，也可供煮、烧、蒸、扒、炖、煨、烤、焖等较长时间的加热烹调。鳜鱼调味余地大，除了采用突出其自身特点的咸鲜、咸甜味型外，又适应用糖醋、五香、糟香、烟熏、酱汁、茄汁、咖喱、经油、麻辣、沙茶、鲍汁等诸多味型，不拘一格，任凭发挥。

在绍兴的饮食习惯上，鳜鱼以清蒸为上，本味为佳。选用750克左右的鳜鱼，剞上四刀牡丹花刀，加以笋片、火腿、香菇，用沸水旺火速蒸，成菜色泽艳丽、肉质鲜嫩活络，似有蟹味，令人百吃不厌，

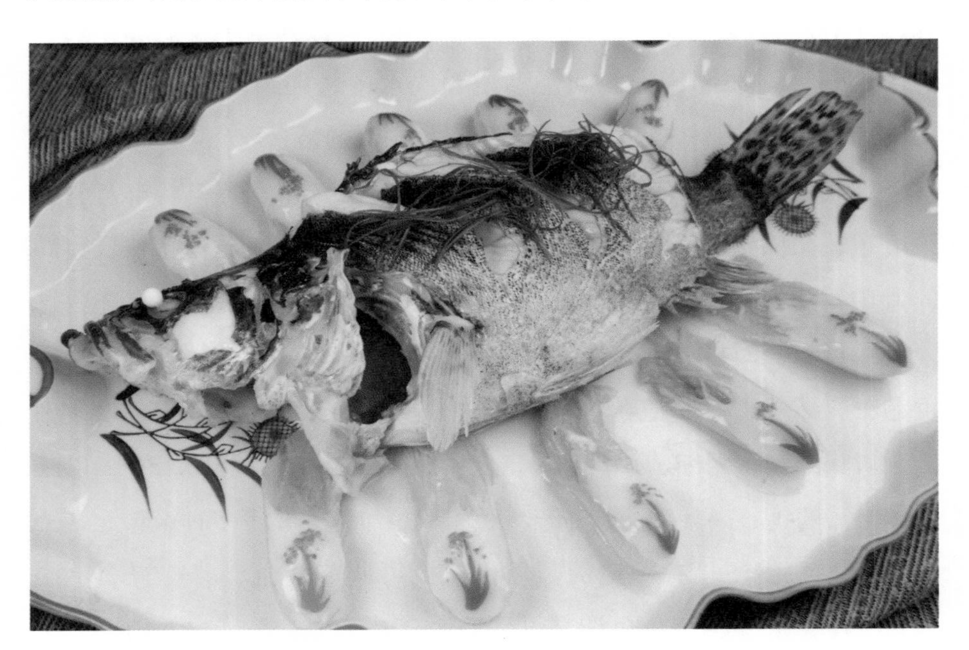

兰花鳜鱼

成为绍兴的传统名菜。一些老饕们则需“一鱼三吃”：鱼肉做成榨菜焖鱼，“蛋黄鱼条”或“高丽鱼条”；还可做成炒菜，“培红鱼片”或“糟熘鱼片”，鱼头汆汤，经济实惠，又菜式多样，口味各异，精明到家。如今，养殖鳜鱼成了生力军，根据其肉质实际，在烹饪技法上采用“单鲍”之法改善养殖鳜鱼肉质肥腴之弊。“单鲍”为绍兴的传统食俗，民间常用技法，用盐短时间地腌渍，适当滤其水分，紧密肌肉组织，形成一种肉质滑嫩、清鲜、入味的新风味。“单鲍”的鳜鱼，既可清蒸、葱煎、油淋、香烹、盐焗、焖烧，还可以与海鲜贝类汆汤，鲜美无比，别有一番滋味。

越乡鲍鱼美

鲍鱼是公认的世界级美食，自古以来在中国菜肴中占有“唯我独尊”的显赫地位，其吃法和名堂颇多，花样不少。鲍鱼捞饭、鲍汁煨、花菇扣等，著名的官府菜代表“谭家菜”当中，“红烧鲍鱼”“蚝油鲍鱼”堪称鲍鱼的典范之作。绍兴菜对鲍鱼的制作虽没有如谭家菜那么“德高望重”，名扬中外，但也是匠心独具，很有特色。它依赖于绍兴本土食材的优势，把鲍鱼菜品制作得有声有色，风味独具。

高品质的鲍鱼菜品，除了干鲍有一个良好的品质之外，其浸发和烹制极为重要，需要非常细腻，讲究充分解读和掌握鲍鱼的本质特点，恰到好处地运用火候。绍兴菜在日积月累的烹饪实践中，对鲍鱼的制作形成了自己独有的理念和技艺，即赋味再好再多，但决不能掩盖鲍鱼的本味，重在突出和改善，做到扬长避短，所加之料只是衬托和改善，如红花绿叶，千万不能喧宾夺主，掩盖了鲍鱼固有的香味和美味。在制作中准确及时地把握浸泡、热焗和煨煲等重要环节。浸泡需用常温水，将鲍鱼浸泡至回软，吃足水分；浸泡后需进行热焗，烧开水后将鲍鱼放入，焗三小时左右，最大限度地焗去鲍鱼的咸味，以便在煨煲中使鲍鱼能更好地入味，如在热焗时咸味不净会使鲍鱼越煨

三西鲍鱼

越硬，收不到“糖心”的最佳效果。煨煲时火候的把握十分重要，采用大火烧开、小火慢煨、大火收味。大火烧开为的是将所加的老鸡、腩排火腿、蚝油、冰糖等料能适时地融合起来，产生应有的热量，为鲍鱼入味做好前置条件；小火慢煨，是将诸味慢慢地渗透到鲍鱼内，并适时地加汤，和风细雨，绵长缓慢，“润物细无声”，最讲究的是耐功和悟性。大火收味，待鲍鱼均匀地吸纳了外加的美味，激活了鲍鱼内部本有的品质美味后，用大火进一步收味增香，形成和突出鲍鱼固有的风味，软硬适中，嚼来稍有弹牙之感，入口软滑，香糯不黏牙。

鲍鱼烹制方法在古籍书中多有记载，南宋时鲍鱼已成都城市食，元代《居家必用事类全集》收有“制造决明”的方法，且已有“假腹鱼羹”，清代《醒园录》有煮鲍鱼法；《养小录》有“酱鳆”；《随园食单》有炒鳆鱼、鳆鱼豆腐、鳆鱼煨整鸭；《调鼎集》介绍有烹制鲍鱼的衬菜、配料和技法等。

而今，鲍鱼的制作“青出于蓝而胜于蓝”，鲍鱼的菜品也是不胜枚举，越乡鲍鱼烹饪自古有之，菜品良多，“田园鲍鱼”“鲍鱼扣鸭掌”“鲍鱼过桥”“豉汁生菜爆鲍鱼”别有风味胜一筹。“鲍鱼煨老鸭”是越乡鲍鱼肴馔中的精品，滋补的老鸭与鲍鱼，相得益彰，老鸭焯水后与煨至后的鲍鱼用慢火细炖，特讲火功，滋味香醇，酥糯甘鲜，强体补身。“三酉鲍鱼”更显绍兴菜烹饪之精湛，以绍兴黄酒为调味主品，经浸泡、焖发、细煨而成，渐行渐深，以绍兴黄酒改善鲍鱼的结构，使其去腥、增香、益醇、醒味，并充分突出鲍鱼应有的本味。成菜醇香滑嫩，甘鲜腴美，别具越式烹饪之美味。

吃到品质优良与烹制到位的鲍鱼真是享受，《史记》称鲍鱼为“珍肴美味”。《汉书王莽传》记载：“王莽事将败，悉不下饭，唯饮酒，啖鲍鱼肝。”苏东坡在登州时品尝了鲍鱼之后，在《鲍鱼行》一诗中赞曰：“膳夫善治荐华堂，坐令雕俎生辉光。肉芝石耳不足数，醋笔鱼皮真倚墙。”明清时期，鲍鱼被列为八珍之一，经常出现在达官贵人的宴席之上，现鲍鱼是中国经典名贵菜肴之一，享有极高的盛誉。

鲍鱼之美，使人受用，令人赞美，不但味美诱人，更在于富有营养和功效。鲍中医理论认为，鲍鱼含有24—40%的蛋白质，0.44%的脂肪和丰富的微量元素、维生素A等，有滋补清热、平衡血压、滋阴养颜、清肝明目的食疗功效。鲍鱼的营养价值和功效是可圈可点的，符合现时健康饮食的消费需求，只是我们的大厨在制作中应海纳百川，广泛学习，运用精湛的技艺将鲍鱼烹制得色味俱佳，最大限度地发挥和提升其营养价值，食之有道，技之得道。

香榧也是烹饪之宝

香榧以其壳薄、仁满、香酥甘美的特点，富含油酸、亚麻酸、蛋白质和多种维生素等营养物质，具有润肺、润肠、化痰、止咳、杀菌驱虫等功效而广受欢迎，成为中国独有的著名干果。

上品香榧颗粒完整，均匀齐整，呈长尖状倒卵形，无明显焦斑，破壳、去衣容易，香脆酥松，细腻甘鲜，具有独特的天然清香味，沁肺入腑。

绍兴是香榧之家，品种多样，有细榧、芝麻榧、米榧、茄榧等，其中以枫桥细榧为最。香榧早在北宋时就被列为贡品，苏东坡曾以“彼为玉山果，餐为金盘实”的诗句赞美它。香榧是珍贵的，其珍贵在于量少而品优；在于榧农采摘的艰辛。待到香榧的假种皮由青绿变成黄绿，部分假种皮开裂，有个别种子脱落，即示香榧成熟，即可采收，此时一般在9月上旬。

采摘需爬在高高的香榧树上，用绳索将要采摘的香榧果枝与上部树干或粗壮枝干拴在一起，而后，先用左手拇、食、中三指捏住采摘处果枝，再用右手拇、食、中指捏住采摘果实，轻轻一旋使其脱落，装入随身携带的带钩的摘篮内，男女老少皆上山，场面十分惊险。香榧生长不易，“千年香榧三代果”是其生长的写照。香榧生长于峰岭

连绵、沟谷深切、地势高危、溪汐迂回、碧流潺绕的微地貌及山地，一代果实从花芽原基形成到果实形态成熟需经历三个年头。香榧还有很高的药用价值，它所富含的“白卡丁” “紫杉醇”等是目前世界上抗癌药物的重要成分。

香榧已成稀有资源，当地有关部门为保护好这一稀世珍果，建立起香榧自然保护区，赵家镇、东白湖镇等地的主产区成了香榧森林公园，是我国唯一的香榧自然保护区，拥有500年以上的香榧古树25000多株，其中千年以上的珍稀古榧树2700多株，成为宝贵香榧资源的重要基地，榧树林海，蔚为壮观。

在人们的心目中，香榧食用是必炒无疑的，市场上见到的都是各色的礼盒包装的香榧炒货，过年过节时成了馈赠亲朋好友的礼品。其实，香榧在烹饪上的应用也是由来已久，曾有诗曰“久厌玉山果，初尝新榧汤”，这说明很早就有了香榧入肴的存在，只是缺少传承。

作为一种不可多得的烹饪之宝及高档的食材，香榧入肴，还得在

香榧

传承与创新上多下功夫，开发出具有特色的新菜品。诸暨菲达酒楼的大厨开了先河，在传统菜“妃子鱼卷”的基础上改良出了“鳜鱼香榧球”的新菜，造型美观，外脆里嫩，香味浓郁，极受食客喜爱。其实，香榧菜肴是蛮多的，香榧取仁配以鱼丁等同炒就成了色彩艳丽、松脆鲜嫩的新版“宫爆鱼丁”，如磨粉与琼脂等配伍，就可制成黄亮晶莹的香榧冻糕，将白糖熬成浆均匀地包裹好香榧，就成了洁白如霜、香甜松脆的挂霜香榧。

与香榧配伍的食材是无尽的，鲜鲍、贝类、鱼虾、鸽子、鸡鸭、菌类果蔬等，无所不可，全在尽兴发挥。美中不足的是，香榧毕竟过于名贵，只适宜于烹制高档菜肴。

香榧入肴，菜品生辉。依托香榧的名贵，其肴馔也是身价倍增。随着人们生活质量与生活水平的不断提高，香榧作为烹饪食材将会大有可为。

“独杀”菜肴养生魅力

讲究饮食养生是绍兴民间的一大习俗，“头伏鸡，二伏鸭子，三伏要吃金银蹄”。这是民间百姓对盛夏伏天饮食养生的讲究，也是对饮食实践的经验总结。盛夏酷暑难忍，对人的体能消耗很大，需要从食物中得到营养和补充，使人得以安康过夏。

何谓“独杀”，即独食也！就是将鸡、鸭、鲫鱼、甲鱼、鳗等之类食物炖制成肴后，供一人食用，用以健体养生。吃“独杀”之物，要数“独杀鸡”富有特色和情趣，并以其为代表。这在绍兴民间由来已久，相传始于一江湖郎中（民间游医）。明朝时，有一江湖郎中开了爿“神手郎中店”，在附近很有名气。一日，有个病人去看病，只见店门关着，就在门外叹气，说自己运气不好。江湖郎中听到门外有人，开门一看，是个病人，就让他进店，给他看病，这时病人的爹闻到一股焦味，忙问：“先生，你在烧什么？焦啦！”郎中先生这才记起在炖鸡，连忙去灭了火。病人的爹听说郎中先生热天吃炖鸡，便说：“先生，这么热的天炖鸡，一餐吃不光要变味的。”郎中先生说：“吃得完，那只鸡只有一斤重，这是童子鸡。伏前吃这种鸡能避暑气，补身体。不过要黄芪、当归一起清炖，叫作斤鸡马蹄，吃了滋补养身，老人家不妨回去试试。”病人的爹回家后，按照郎中的方法将鸡炖后独自一餐吃了，果然有效，整个夏天不生疮、不发痧，身体健康。这事传了开来，家家仿效，也在六月六吃独杀鸡了。直到现在，绍兴民间仍有“六月六吃独杀鸡”之风俗。

在民间吃“独杀”之食物，一是根据身体状况的需求进补，用来调养身体，增加营养，一般用于病后身体恢复阶段，适时适量地进补使身体渐渐康复。二是特殊时期。如生日，在绍兴，男孩子10岁生日时大都要吃一只独杀鸡，以有助于孩子身体生长发育，并有“十岁外婆家”之说，意思是十岁的生日要在外婆家过。三是需要出力的时候，给出力的人炖只鸡、吃一只甲鱼或蒸一条鲫鱼等用以滋补。如过去农村农忙的“双抢”（夏收夏种），在这之前也是需要进补的，不论生活条件好坏与否，一般是给壮劳力吃的。四是与岁时有关，如每当冬令之时，民间也讲究适时进补，“冬天进补，来年打虎”。在民间对“吃独杀”还有一种讲究，“吃独杀”说明身体强壮，胃口好，

清汤越鸡

吃得下，寓意健康长寿，也是衡量人的健康状况的一个标志。

对吃“独杀”之食物的滋补养生在绍兴民间是笃信无疑的，非常出名，其制作也十分讲究。独杀的食物大多以隔水炖食，取一陶或瓷的容器，将食物放入其中，加入绍兴黄酒和一些调料，或再加些具有滋补作用的中药材，如当归、人参、熟地之类的，用桃花纸封住，慢火细炖至食物香气四溢方可。此法最讲究发挥中药材的最大作用，使其充分融合在食物之中，炖得酥糯炖得生香，便于食者消化，收到应有的食补效果。

“独杀”之肴是千百年来，劳动人民在日常饮食实践中由表及里、去伪存真，得以不断提升的经验总结，凝聚着民间饮食养生的智慧。在茹毛饮血的年代，饥饿与病魔同在，人们的身体素质和健康难有保障，饮食养生那是“天方夜谭”。有了熟食，人类依赖饮食养生才成了可能。岁月如歌，现在“独杀”菜肴已由民间走进食肆酒店，并带有浓浓的地方特色印记，成为食者的宠儿。

“火踵甲鱼”“罐焖神仙鸭”“越味河鳗”“鱼翅炖童鸡”“家常焖鳜鱼”等，这些越乡大厨们与时俱进的创新佳品使“独杀”菜肴竞放异彩，魅力迷人。在绿色烹饪、饮食养生的今天，“独杀”之肴极具时代意义，应好好地发扬光大。

蟹粉豆腐

豆腐号称中国的国粹之一，传说为西汉刘邦孙子淮南王刘安所发明，至今已经有2000多年的历史。

豆腐“国粹”之号并非浪得虚名，它对国人的贡献非常大，物美价廉，大江南北、大地神州百姓餐桌上有之，酒楼饭店菜肴中有之，真好比“上得了厅堂，下得了厨房”，千百年来，代代绵延。不仅如此，更有其对人们健康的温情呵护。豆腐有“植物肉”之誉。豆腐中的蛋白质是凝聚的豆类蛋白，含有人体必需的8种氨基酸，还含有脂肪、碳水化合物、维生素（维生素食品）、矿物质等营养物质和丰富的植物雌激素，不仅能增加营养、帮助消化、促进食欲，还有预防骨质疏松症的作用。因此，它成为老幼皆宜之品，使人赞颂不已，也常得到骚人墨客吟咏。明代苏秉衡著有《雪溪渔唱》：“传得淮南术最佳，皮肤褪尽见精华。一轮磨上流琼液，百沸汤中滚雪花。瓦缶浸来蟾有影，金刀剖破玉无瑕。个中滋味谁得知，多在僧家与道家。”

豆腐制作简便，将黄豆（也可用青豆、黑豆）浸泡于清水，泡涨变软后磨成豆浆，滤渣后煮开，然后用盐卤或石膏“点卤”，使豆浆中分散的蛋白质（蛋白质食品）团粒凝聚到一起，形成“豆腐脑”，挤出水分就是豆腐了。豆腐的制作虽简便，但亦极见功夫，需要的是

蟹粉豆腐

日积月累的经验与辛劳的守护。

由豆腐为原料制作而成的菜品十分丰富，翻开《中国名菜谱》，发现各大菜系的豆腐菜肴真是不少，其中不乏名品。川菜中有以香辣润口为特色的“麻婆豆腐”，江苏菜中有以色泽金黄、鲜香软嫩为招牌的“镜箱豆腐”，上海菜中的莲蓬豆腐鲜嫩醇厚，汤味清香，另外还有福建的珍珠豆腐、湖北的葵花豆腐等。这些豆腐菜肴各有千秋，各显美味，是豆腐肴馔中的“大腕”。然而，绍兴菜中的“蟹粉豆腐”名气虽没有那些名菜响亮，但它以滋味鲜美、口感滑嫩的特色，滋润着人的味蕾，振奋着人的食欲，叫人常吃不厌，成为推陈出新的佳品。

蟹粉豆腐由内脂豆腐、蟹粉等原料配伍而成，为冬令的应时佳肴，平中见奇。不论是它的烹制，还是原料的搭配都十分讲究，极有功力。“秋风起，蟹脚痒”，秋后冬起，河蟹日渐肥美，此菜选用绍兴鉴湖水系所产的河蟹做配料，因鉴湖水质特优，所产河蟹肉质甘鲜少腥，将其蒸至断生，细心地剔出蟹肉。蟹壳万不可废弃，用来吊汤做烹制蟹粉豆腐的汤水，既充分利用了原料，又增加了菜肴的风味，是菜肴烹调中的细节亮点。

首先，运用葱油锅、猪油烩、热油做的烹调要诀，使成菜不但增加活络的口感，而且起到祛腥、增香润口、中和的作用。这是因为豆腐和河蟹均是凉性之物，需用葱油、猪油调和。葱，味辛性温，猪油香润，具有抑菌解毒祛腥的功效，能够中和豆腐、蟹粉两者的性凉，食之既无忧患之虑，又美味可口，这是配伍设计上的独到匠心。

其次，食用时搭配上番薯片，与蟹粉豆腐一起品尝。香脆、甘甜的番薯片与滑嫩鲜美的豆腐组合在一起，脆、嫩、香、滑结合相融，口感新奇，妙不可言。番薯性平味甘、暖胃，含有不少利于健康的成分，可以进一步弱化豆腐、河蟹性凉之质。

再次，需要精细的烹调技艺。软嫩易碎的豆腐切成指甲片，需片片匀称，有棱有角，烹调时需保持完整不碎，成肴时才能十分雅致。

最后，需要现烹现吃，保持菜肴应有的温度。有道是一热增百味，趁热食用，才能吃得活络，吃出氛围，感受风味。

“蟹粉豆腐”是有根基的，是绍兴传统名菜“单腐”的升级版。“单腐”因制作简单，常以加上肉汤调料烩烧而成，不加配料而得名，曾为“兰香馆”的当家名菜，在生活简朴、物资匮乏的年代，“单腐”不失为一大美味，至今仍使人怀念。“蟹粉豆腐” 保存着“单腐”之精髓，呈现着纳新不离根的创新理念，使传统名菜，万变不离其宗，唯有创新，不断给传统菜肴以新意，才能呈现勃勃生机，永葆青春。

知蟹识味绍兴人

绍兴水乡所产的蟹，学名叫中华绒螯蟹，俗称湖蟹，号称“无肠公子”，民间戏称“横爬”，为绍兴河鲜中的尤物。

蟹的生长颇有意思，蟹苗产于钱塘江口的浅海区，春天，蟹往内河爬行而来，绍兴境内各大江河湖泊均是它们生长栖息的好去处。绍兴的江河水草繁衍，小微生物众多，蟹食丰富。每到西风骤起，蟹就会爬向浅海区过冬，而此时也是捕捉和食用蟹的黄金时节。

对于蟹，绍兴民间素有“九团十长”之说。“团”，即团脐，这是绍兴人对雌蟹的叫法，因它的脐盖近似圆形饱满，体态清秀；“长”，为长脐，是绍兴人对雄蟹的俗称。雄蟹，脐盖较狭长，四周向中间略陷，螯足强大，表面密生绒毛。所谓“九团十长”，是说农历九月，湖蟹中的雌蟹已结了“石榴子”，此时“团脐”味最美，而进入十月份，则雄蟹的膏已结厚，味道甚佳。

“蟹肉上桌百味淡。”绍兴人的食蟹习俗与众不同，不仅讲究食蟹的本味，尚清火甲（将蟹养洗净，放在锅中加水煮食），喜糟醉。其中，吃清火甲湖蟹也颇有讲究，须用绍兴老酒相配。据中医理论：蟹为寒性食物，味虽鲜美，却不宜多吃，唯恐寒食郁积，但与绍兴老酒相伴，温寒相抵便无疾患之虑，且酒能去腥味，食蟹更觉鲜香。“花

河蟹

雕蒸蟹”源于同理，用酒去腥、祛寒、补温、增香，趁热食用都会备感蟹肉鲜香味美。醉蟹通过糟醉处理后，借助老酒的作用，不但能使蟹祛腥、入味，更能使蟹肉活络鲜香。而蟹鲜、酒香融为一体后，吃起来更是别有风味。

绍兴人食蟹的历史，恐怕难以确定。据考证，其中最早提到蟹的著作，大约要算春秋时期的《国语》了。《国语·越语下》越王勾践对范蠡说："吴国今其稻蟹不遗种，其可乎？"其意是现在吴国的稻田上蟹泛滥成灾，连稻种都被蟹吃尽了，可趁此讨伐吗？无独有偶，到了清朝年间，淮河两岸蟹多为患，当地百姓却不知食用，由于驱赶无方，以致庄稼遭害，百姓十分忧愁。师爷便向州官提议，鼓励百姓捕捉，上交官府，他自己也备好了许多大缸、食盐和老酒，将蟹腌制起来，这就是绍兴名品"醉蟹"的由来。

北宋时，山阴（今绍兴）人傅肱撰写了第一部有关蟹的专著，书名叫《蟹谱》。书中详细记述了蟹的形体特征、种类、产地、习性、

捕捉的时节和方式，蟹的加工及防治食蟹中毒的方式。而南宋嵊县人高似孙在其《蟹略》一书中，又分四卷叙述了蟹体、蟹性、蟹味、食法等，收录了大量关于蟹的诗文、杂记。此外，南宋大诗人陆游也是一位了不起的烹饪里手，他对蟹相当有研究，并且还写有不少咏蟹诗篇："团脐霜蟹四鳃鲈，樽俎芳鲜十载无""九月霜风吹客衣，溪头红叶傍人飞。村场酒薄何妨醉，菰正堪烹蟹正肥"。同时他对"糟蟹"也有细微的描述："旧交髯簿久相忘，公子相从味独长。醉死糟丘终不悔，看来端的是无肠。"

绍兴人从认蟹、识蟹到吃蟹、吃好蟹，经历了漫长的认知与探索过程，这些文人雅士的诗文和著作，不仅是对蟹文化的总结与颂扬，而且也是留给我们的一份宝贵遗产。

丹贝和豆豉

在《中国食品报》上读到印尼丹贝的介绍，似曾相识，备感亲切，同时也引起了我的一些思考。

丹贝是印尼的传统大豆发酵制品，亦称印尼豆豉，与我们吃的豆豉十分相似。丹贝的传统制法有两种，其一是经自然发酵而成，将大豆用水浸泡12小时以上，至用手可搓去豆皮，然后加水煮熟，沥去水，晾至大豆表面不带水，裹进香蕉叶里，任根霉在上面生长。其二是接种法，将成熟的丹贝搓碎做引子，接种于已晾好的豆瓣中，拌匀，盖上香蕉叶，于温和的地方放置1至2天，待大豆长出白色的菌丝，发出特有的香气，成为白色的饼块时，丹贝就做成了。

豆豉，古代称为“幽菽”，也叫“嗜”。最早的记载见于汉代刘熙《释名·释饮食》。《汉书》《史记》《齐民要术》《本草纲目》等都有相关的记载。我国台湾人称豆豉为“荫豉”，日本人称豆豉为“纳豉”，东南亚各国也普遍食用豆豉。我国在抗美援朝战争中，曾大量生产豆豉供应志愿军食用。

豆豉之美在于发酵所带来的佑福，富含蛋白质、各种氨基酸、乳酸、磷、镁、钙及多种维生素，具有一定的保健作用。以黑豆或黄豆为主料，利用毛曲霉或者细菌蛋白酶的作用，分解豆的蛋白质，达到

一定程度时，运用加盐、加酒、干燥等方法，抑制酶的活力，延缓发酵过程而制成。绍兴酱园产的豆豉是干豆豉，乌黑的颜色，酥鲜甘香，极有回味，常吃不够。我童年时早餐中如能吃到豆豉，那是改善生活之举，往往限量按颗分配，其酥、鲜、咸、香、甘的滋味，还有那淡淡的霉的味道让我至今难以忘怀。

豆豉于烹饪作用不小，除了单独食用外，还是一味不错的调味品，特别宜于与河海鲜为伍，豆豉煎鱼、烧鱼、蒸鱼、蒸扇贝，最为著名的应为“豆豉鲮鱼”。豆豉鲮鱼炒油麦菜是最美的搭配，成为豆豉菜肴中的经典。

丹贝与豆豉一脉相承，都是传统的发酵豆制品，制作方法也极其相似，其风味的成因都是倚仗自然发酵之功，且均来自民间，是民间的调味小菜，尤其在早餐中为多，当配粥的小菜为宜。另外，两者都有极高的营养价值，富含蛋白质、氨基酸和维生素B_{12}，营养价值可与肉禽鱼类相媲美。经过多年的发展，丹贝已成了国际化的美食，有了

制作晒浆

豆豉

“Tem—pay”的英语发音，食用范围更加广泛，在色拉、三明治、汉堡、沙司的制作中均有应用，并已形成独立的菜谱，真可谓小丹贝、大世界。

豆豉的发展却没有丹贝的“大气”，至今仍以充当调味角色为主。不但如此，而且如今在市场业已少见。豆豉于绍兴是一大特色产品，曾为酱缸中的一员，所有酱园中都能买到，如今，不知何时起没有了豆豉这个酱品，这对于以酱文化而著名的绍兴来说实在可惜。

后 记

中国饮食文化博大精深，烹饪技艺精湛无穷，令我深深折服，敬畏不已。四十四个做厨春秋已悄然流逝，但我对饮食文化的情怀却与日俱增，正如艾青所言：“为什么我的眼里常含泪水？因为我对这土地爱得深沉”。

多年来，我的内心深处始终有一个声音，不要为文化水平所困惑，要把自己在工作和学习中的感悟记录下来，与人交流，在思想的碰撞中得到启发与提高。记录的过程其实就是一个再学习的过程，更是自我修养提升的一个有效方法，一旦成为习惯，将受益无穷。正是基于这样的朴素想法，这些年来，我始终坚持记录自己的心得体会，不管对错，把它们积累起来，留于笔端，融入生涯，作为前进的动力。同时，这亦是我作为厨师的价值所在，是传承技艺、承上启下的重要路径，厚积薄发，才能书香致远。今天经梳理、筛选，将自己积累的文字整理成册，以书会友，敬请各位不吝赐教。

《鼎边偶语》在浙江工商大学出版社的帮助下于今顺利出版，在此我致以深切的谢意，同时感谢浙江农业商贸职业学院郑思阳老师的帮助！

此书囿于本人的学识和水平所限，会存有谬处，但它是我的真情告白。如拙作对阅读者能有一点启发或者帮助，我将甚感欣慰。

茅天尧

农历戊戌年初冬